高等职业院校精品教材系列
辽宁省职业教育改革发展示范建设项目成果

数控加工技能训练册

主　编　姜云宽　付桂环
　　　副主编　莫国伟
主　审　何　晶　赵岐刚

電子工業出版社.
Publishing House of Electronics Industry
北京·BEIJING

内 容 简 介

本书是数控加工课程的配套练习题册，主要内容包括数控车床编程与加工训练、数控铣床（加工中心）编程与加工训练、自动编程与加工训练三部分，采用"模块+教学项目+训练任务"的体系形式进行编写。本书注重将数控编程和相关工艺、刀具、切削用量等理论知识与生产实际相结合，力求突出数控编程与工艺设计两方面的技能训练，使学生在教学计划时间内达到中、高级数控编程技术水平。

本书为高等职业本专科院校相应课程的教材，也可作为开放大学、成人教育、自学考试、中职学校和培训班的教材，以及企业工程技术人员的参考书。

本书配有免费的电子教学课件等，详见前言。

未经许可，不得以任何方式复制或抄袭本书之部分或全部内容。
版权所有，侵权必究。

图书在版编目（CIP）数据

数控加工技能训练册/姜云宽，付桂环主编. —北京：电子工业出版社，2018.2
全国高等院校规划教材·精品与示范系列
ISBN 978-7-121-32184-9

Ⅰ.①数…　Ⅱ.①姜…②付…　Ⅲ.①数控机床加工中心－程序设计－高等学校－教材　Ⅳ.①TG659

中国版本图书馆 CIP 数据核字（2017）第 161168 号

策划编辑：陈健德（E-mail：chenjd@phei.com.cn）
责任编辑：刘真平
印　　刷：北京虎彩文化传播有限公司
装　　订：北京虎彩文化传播有限公司
出版发行：电子工业出版社
　　　　　北京市海淀区万寿路 173 信箱　邮编　100036
开　　本：787×1 092　1/16　印张 6.5　字数：166.4 千字
版　　次：2018 年 2 月第 1 版
印　　次：2022 年 12 月第 7 次印刷
定　　价：25.00 元

凡所购买电子工业出版社图书有缺损问题，请向购买书店调换。若书店售缺，请与本社发行部联系，联系及邮购电话：（010）88254888，88258888。

质量投诉请发邮件至 zlts@phei.com.cn，盗版侵权举报请发邮件至 dbqq@phei.com.cn。

本书咨询联系方式：chenjd@phei.com.cn。

前　言

　　本书是数控加工课程的配套练习题册，主要内容包括数控车床编程与加工训练、数控铣床（加工中心）编程与加工训练、自动编程与加工训练三部分，采用"模块+教学项目+训练任务"的体系形式进行编写。本书注重将数控编程和相关工艺、刀具、切削用量等理论知识与生产实际相结合，力求突出数控编程与工艺设计两方面的技能训练，使学生在教学计划时间内达到中、高级数控编程技术水平。

　　本书以 FANUC 编程系统为主进行编程教学，并在附录中提供了目前国内数控系统在数控车床、数控铣床及加工中心中常用的功能指令表和切削用量表。

　　本书的编写紧扣岗位能力目标要求，既注重巩固基础知识，又强调基本能力的培养，尽可能使理论教学与实操同步，在教学顺序上相互衔接，由浅入深，由易到难，力求使学生能够较好地复习和巩固所学的编程和实操知识，提高编程技术和实操技能，使学习者达到中、高级数控专业技能型人才的水平。

　　本书未编入习题答案，其目的是让学生在复习和消化书本知识的基础上，培养学生自己分析问题和解决问题的能力。

　　本书为高等职业本专科院校相应课程的教材，也可作为开放大学、成人教育、自学考试、中职学校和培训班的教材，以及企业工程技术人员的参考书。

　　本书由辽宁机电职业技术学院姜云宽、付桂环担任主编，莫国伟担任副主编。其中模块 1 由付桂环编写，模块 2 由莫国伟编写，模块 3 和附录由姜云宽编写。本书由辽宁机电职业技术学院何晶教授、赵岐刚副教授主审。丹东金川机床股份有限公司尤毅工程师参与了此书的编写，并对项目的选择提出了宝贵意见。此外，在编写过程中得到了院系领导的大力支持，在此表示衷心感谢！

　　因编者水平和经验有限，书中欠妥之处在所难免，敬请读者批评指正。

　　为了方便教师教学，本书还配有免费的电子教学课件等，请有此需要的教师登录华信教育资源网（http://www.hxedu.com.cn）免费注册后再进行下载，有问题时请在网站留言或与电子工业出版社联系（E-mail：hxedu@phei.com.cn）。

编　者

目　录

模块 1　数控车床编程与加工训练

项目 1.1　绝对坐标与增量坐标编程训练

项目训练重点与难点：

绝对坐标与增量坐标的计算。

训练任务 1.1.1

任务描述： 图示零件坐标系已经给定，练习计算编程坐标值。

任务要求： 分别写出图示零件上 O、A、B、C、D 五个点的绝对坐标与增量坐标。

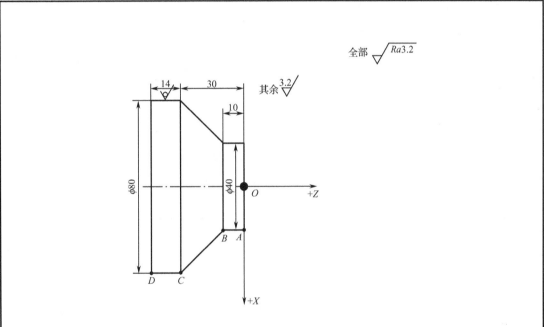

技术要求：

1. 未注尺寸公差按 GB/T 1804—2000-M 执行。

2. 去除毛刺、飞边。

盘类零件			比例	重量	材料	第
						张
制图		月　日		×××学院		
审核		月　日				

训练任务 1.1.2

任务描述： 图示零件坐标系已经给定，练习计算编程坐标值。

任务要求： 分别写出图示零件上 O、A、B、C、D、E、F 七个点的绝对坐标与增量坐标。

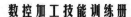

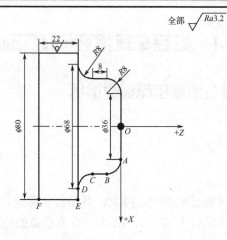

技术要求：

1. 未注尺寸公差按 GB/T 1804—2000-M 执行。

2. 去除毛刺、飞边。

盘类零件			比例	重量	材料	第张
制图		月 日		×××学院		
审核		月 日				

训练任务 1.1.3

任务描述： 图示零件坐标系已经给定，练习计算编程坐标值。

任务要求： 分别写出图示零件上 O、A、B、C、D、E、F、G 八个点的绝对坐标与增量坐标。

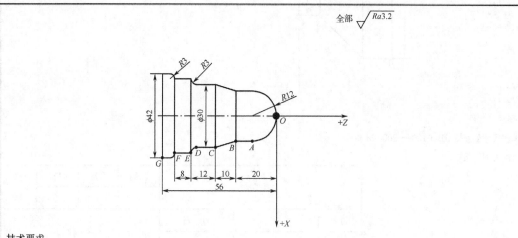

技术要求：

1. 未注尺寸公差按 GB/T 1804—2000-M 执行。

2. 去除毛刺、飞边。

轴类零件			比例	重量	材料	第张
制图		月 日		×××学院		
审核		月 日				

项目 1.2　阶梯轴类零件编程与加工

项目训练重点与难点：

1. 绝对坐标值与增量坐标值的计算；
2. G00、G01、G02、G03 指令的应用；
3. 工艺路线的设计；
4. 刀具的选用；
5. 编程坐标系的设定。

训练任务 1.2.1

任务描述： 编写图示零件的精加工程序。

任务要求： 在图示零件中，先分析加工工艺，并设置工件坐标系，再分别计算各刀位点的绝对坐标值和增量坐标值，最终编写精加工程序。

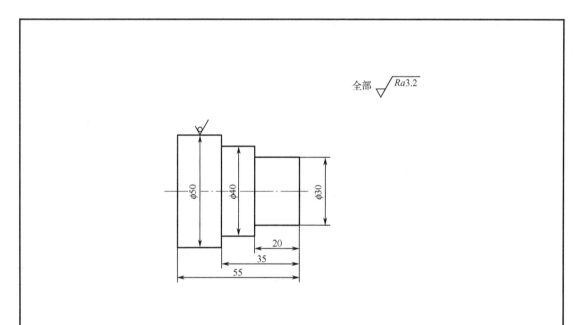

技术要求：

1. 未注尺寸公差按 GB/T 1804—2000-M 执行。
2. 去除毛刺、飞边。

	阶梯轴		比例	重量	材料	第
						张
制图		月　日		×××学院		
审核		月　日				

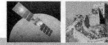

训练任务 1.2.2

任务描述： 编写图示零件的精加工程序。

任务要求： 在图示零件中，先分析加工工艺，并设置工件坐标系，再分别计算各刀位点的绝对坐标值和增量坐标值，最终编写精加工程序。

全部 $\sqrt{Ra3.2}$

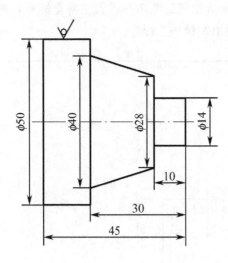

技术要求：

1. 未注尺寸公差按 GB/T 1804—2000-M 执行。
2. 去除毛刺、飞边。

阶梯轴		比例	重量	材料	第
					张
制图		月　日		×××学院	
审核		月　日			

训练任务 1.2.3

任务描述：编写图示零件的精加工程序。

任务要求：在图示零件中，先分析加工工艺，并设置工件坐标系，再分别计算各刀位点的绝对坐标值和增量坐标值，最终编写精加工程序。

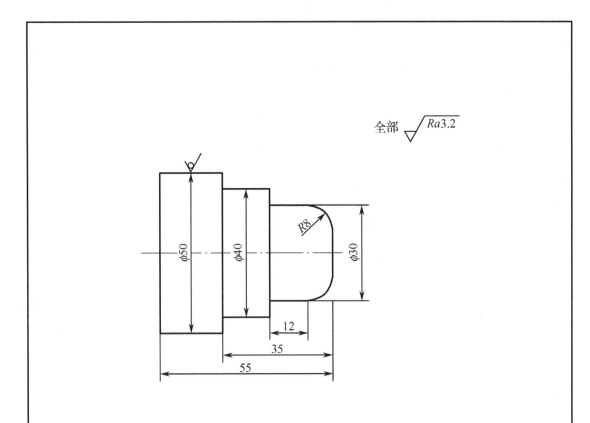

技术要求：

1. 未注尺寸公差按 GB/T 1804—2000-M 执行。

2. 去除毛刺、飞边。

阶梯轴		比例	重量	材料	第 张
制图		月 日	×××学院		
审核		月 日			

训练任务 1.2.4

任务描述：编写图示零件的精加工程序。

任务要求：在图示零件中，先分析加工工艺，并设置工件坐标系，再分别计算各刀位点的绝对坐标值和增量坐标值，最终编写精加工程序。

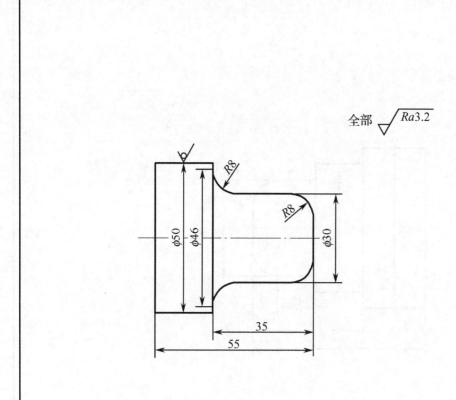

技术要求：

1. 未注尺寸公差按 GB/T 1804—2000-M 执行。

2. 去除毛刺、飞边。

		比例	重量	材料	第
	阶梯轴				张
制图		月　日		×××学院	
审核		月　日			

训练任务 1.2.5

任务描述： 编写图示零件的精加工程序。

任务要求： 在图示零件中，先分析加工工艺，并设置工件坐标系，再分别计算各刀位点的绝对坐标值和增量坐标值，最终编写精加工程序。

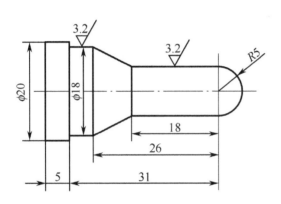

技术要求：

1. 未注尺寸公差按 GB/T 1804—2000-M 执行。

2. 去除毛刺、飞边。

	比例	重量	材料	第
阶梯轴				张
制图	月 日		×××学院	
审核	月 日			

训练任务 1.2.6

任务描述： 编写图示零件的精加工程序。

任务要求： 在图示零件中，先分析加工工艺，并设置工件坐标系，再分别计算各刀位点的绝对坐标值和增量坐标值，最终编写精加工程序。

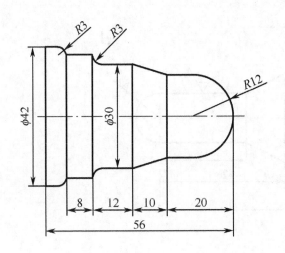

技术要求：

1. 未注尺寸公差按 GB/T 1804—2000-M 执行。
2. 去除毛刺、飞边。

		比例	重量	材料	第
	阶梯轴				张
制图		月　日		×××学院	
审核		月　日			

训练任务 1.2.7

任务描述：编写图示零件的精加工程序。

任务要求：在图示零件中，先分析加工工艺，并设置工件坐标系，再分别计算各刀位点的绝对坐标值和增量坐标值，最终编写零件的完整加工程序。

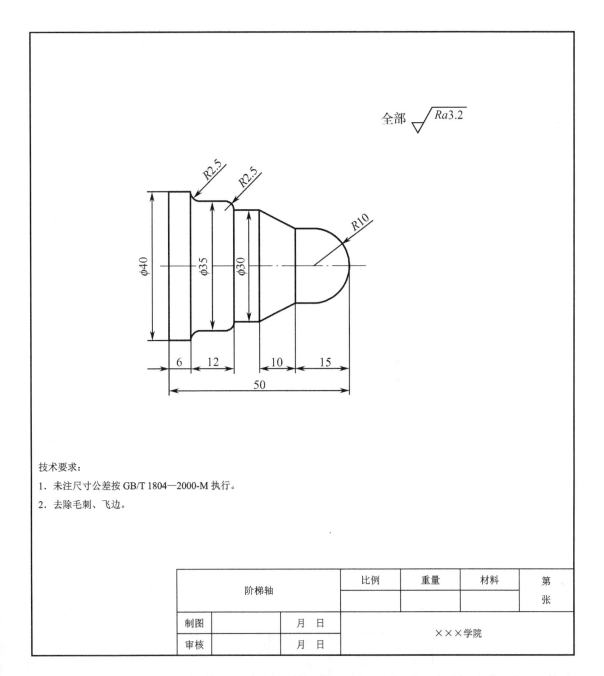

技术要求：

1. 未注尺寸公差按 GB/T 1804—2000-M 执行。

2. 去除毛刺、飞边。

阶梯轴		比例	重量	材料	第
					张
制图		月　日	×××学院		
审核		月　日			

训练任务 1.2.8

任务描述：编写图示零件的精加工程序。

任务要求：在图示零件中，先分析加工工艺，并设置工件坐标系，再分别计算各刀位点的绝对坐标值和增量坐标值，最终编写零件的完整加工程序。

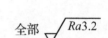

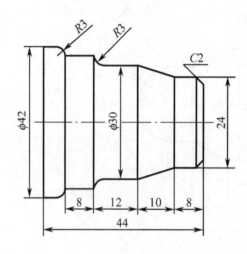

技术要求：

1. 未注尺寸公差按 GB/T 1804—2000-M 执行。

2. 去除毛刺、飞边。

阶梯轴		比例	重量	材料	第
					张
制图	月　日		×××学院		
审核	月　日				

项目 1.3　螺纹轴类零件编程与加工

项目训练重点与难点：

1. 绝对坐标值与增量坐标值的混合应用；
2. 倒角、切槽、螺纹的编程；
3. 工艺路线的设计；
4. 循环指令的使用；
5. 刀具的选用。

训练任务 1.3.1

任务描述：零件如图所示，毛坯直径为 40 mm，长度为 80 mm，材料为 45 钢，完成零件编程及仿真加工。

任务要求：要求建立工件坐标系和换刀点，计算刀位点的坐标值，用 G71、G70、G32 指令编制加工程序。

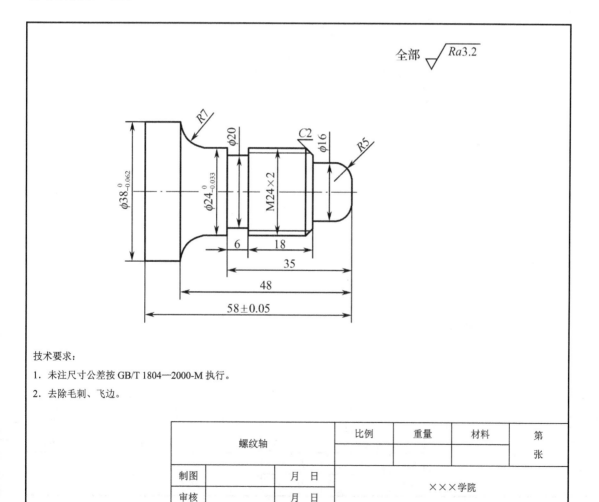

技术要求：

1. 未注尺寸公差按 GB/T 1804—2000-M 执行。
2. 去除毛刺、飞边。

螺纹轴			比例	重量	材料	第
						张
制图		月　日		×××学院		
审核		月　日				

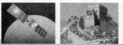

数控加工技能训练册

训练任务 1.3.2

任务描述： 零件如图所示，毛坯直径为 40 mm，长度为 80 mm，材料为 45 钢，完成零件编程及仿真加工。

任务要求： 要求建立工件坐标系和换刀点，计算刀位点的坐标值，用 G71、G70、G32 指令编制加工程序。

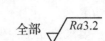

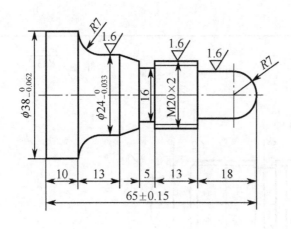

技术要求：

1. 未注尺寸公差按 GB/T 1804—2000-M 执行。

2. 去除毛刺、飞边。

螺纹轴		比例	重量	材料	第
					张
制图		月　日	×××学院		
审核		月　日			

训练任务 1.3.3

任务描述：零件如图所示，毛坯直径为 45 mm，长度为 80 mm，材料为 45 钢，完成零件编程及仿真加工。

任务要求：要求建立工件坐标系和换刀点，计算刀位点的坐标值，用 G71、G70、G92 指令编制加工程序。

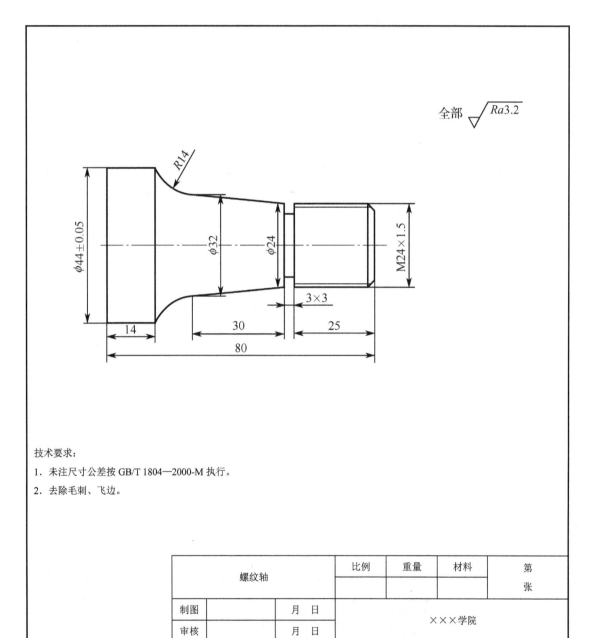

技术要求：

1. 未注尺寸公差按 GB/T 1804—2000-M 执行。

2. 去除毛刺、飞边。

螺纹轴		比例	重量	材料	第 张
制图		月　日	×××学院		
审核		月　日			

训练任务 1.3.4

任务描述：零件如图所示，毛坯直径为 45 mm，长度为 80 mm，材料为 45 钢，完成零件编程及仿真加工。

任务要求：要求建立工件坐标系和换刀点，计算刀位点的坐标值，用 G71、G70、G92 指令编制加工程序。

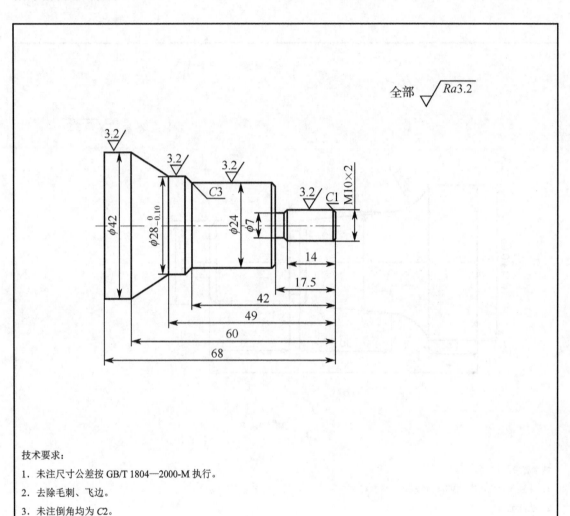

技术要求：

1. 未注尺寸公差按 GB/T 1804—2000-M 执行。

2. 去除毛刺、飞边。

3. 未注倒角均为 C2。

螺纹轴			比例	重量	材料	第
						张
制图		月　日		×××学院		
审核		月　日				

项目 1.4　套类零件编程与加工

项目训练重点与难点：

1. 绝对坐标值与增量坐标值的混合应用；
2. 倒角、切槽、螺纹的编程；
3. 工艺路线的设计；
4. 循环指令的使用；
5. 刀具的选用。

训练任务 1.4.1

任务描述：零件如图所示，毛坯外径为 55 mm，内径为 30 mm，长度为 60 mm，材料为 45 钢，完成零件编程及仿真加工。

任务要求：要求建立工件坐标系和换刀点，设计工艺路线，计算刀位点的坐标值，编制加工程序。

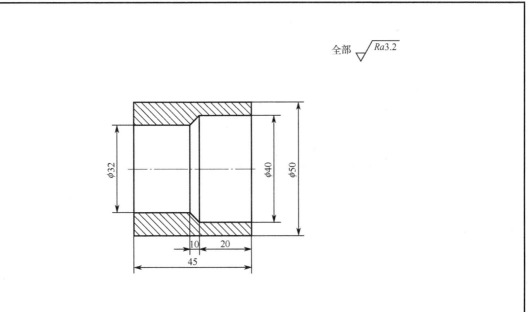

技术要求：

1. 未注尺寸公差按 GB/T 1804—2000-M 执行。
2. 去除毛刺、飞边。

套类零件		比例	重量	材料	第
					张
制图		月　日		×××学院	
审核		月　日			

训练任务 1.4.2

任务描述：零件如图所示，毛坯外径为 70 mm，内径为 30 mm，长度为 60 mm，材料为 45 钢，完成零件编程及仿真加工。

任务要求：要求建立工件坐标系和换刀点，设计工艺路线，计算刀位点的坐标值，编制加工程序。

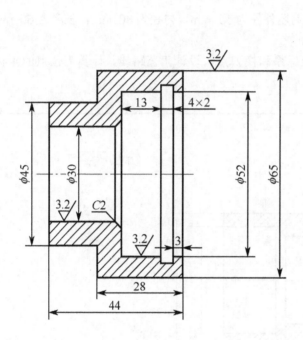

技术要求：

1. 未注尺寸公差按 GB/T 1804—2000-M 执行。

2. 去除毛刺、飞边。

套类零件		比例	重量	材料	第
					张
制图		月 日		×××学院	
审核		月 日			

训练任务 1.4.3

任务描述： 零件如图所示，毛坯外径为 50 mm，内径为 15 mm，长度为 50 mm，材料为 45 钢，完成零件编程及仿真加工。

任务要求： 要求建立工件坐标系和换刀点，设计工艺路线，计算刀位点的坐标值，编制加工程序。

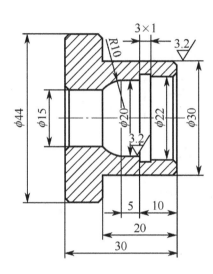

技术要求：

1. 未注尺寸公差按 GB/T 1804—2000-M 执行。

2. 去除毛刺、飞边。

3. 未注倒角均为 C1。

套类零件			比例	重量	材料	第张
制图		月　日	×××学院			
审核		月　日				

数控加工技能训练册

训练任务 1.4.4

任务描述： 零件如图所示，毛坯外径为 70 mm，内径为 24 mm，长度为 120 mm，材料为 45 钢，完成零件编程及仿真加工。

任务要求： 要求建立工件坐标系和换刀点，设计工艺路线，计算刀位点的坐标值，编制加工程序。

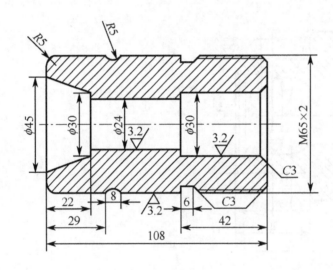

技术要求：

1. 未注尺寸公差按 GB/T 1804—2000-M 执行。

2. 去除毛刺、飞边。

套类零件	比例	重量	材料	第
				张
制图	月　日	×××学院		
审核	月　日			

项目 1.5　盘类零件编程与加工

项目训练重点与难点：

1. 绝对坐标值与增量坐标值的混合应用；
2. 倒角、切槽、螺纹的编程；
3. 工艺路线的设计；
4. 循环指令的使用；
5. 刀具的选用。

训练任务 1.5.1

任务描述： 零件如图所示，毛坯直径为 100 mm，长度为 50 mm，材料为 45 钢，完成零件编程及仿真加工。

任务要求： 要求建立工件坐标系和换刀点，设计工艺路线，计算刀位点的坐标值，编制加工程序。

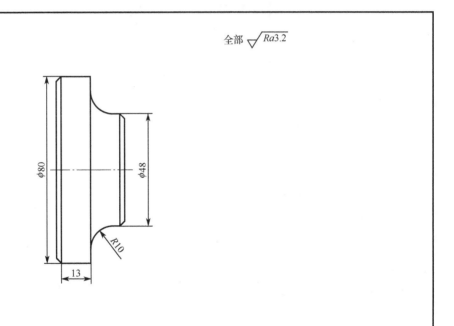

技术要求：

1. 未注尺寸公差按 GB/T 1804—2000-M 执行。
2. 去除毛刺、飞边。
3. 未注倒角均为 C1。

				比例	重量	材料	第
	盘类零件						张
制图		月　日			×××学院		
审核		月　日					

训练任务 1.5.2

任务描述： 零件如图所示，毛坯直径为 50 mm，长度为 50 mm，材料为 45 钢，完成零件编程及仿真加工。

任务要求： 要求建立工件坐标系和换刀点，设计工艺路线，计算刀位点的坐标值，编制加工程序。

全部 $\sqrt{Ra3.2}$

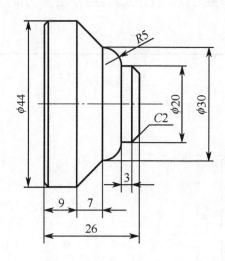

技术要求：

1．未注尺寸公差按 GB/T 1804—2000-M 执行。

2．去除毛刺、飞边。

3．未注倒角均为 C1。

盘类零件		比例	重量	材料	第
					张
制图	月 日		×××学院		
审核	月 日				

项目 1.6　综合零件编程与加工

项目训练重点与难点：

1. 工艺安排；

2. 加工精度的保证；

3. 编程指令的综合运用；

4. 刀具的选择。

训练任务 1.6.1

任务描述： 零件如图所示，毛坯直径为 35 mm，长度为 70 mm，材料为 45 钢，完成零件编程及仿真加工。

任务要求： 要求建立工件坐标系和换刀点，设计工艺路线，计算刀位点的坐标值，编制加工程序。

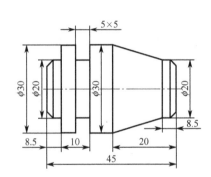

技术要求：

1. 未注尺寸公差按 GB/T 1804—2000-M 执行。

2. 去除毛刺、飞边。

3. 全部倒角均为 C2。

综合零件			比例	重量	材料	第
						张
制图		月　日	×××学院			
审核		月　日				

数控加工技能训练册

训练任务 1.6.2

任务描述：零件如图所示，毛坯直径为 50 mm，长度为 90 mm，材料为 45 钢，完成零件编程及仿真加工。

任务要求：要求建立工件坐标系和换刀点，设计工艺路线，计算刀位点的坐标值，编制加工程序。

全部 $\sqrt{Ra3.2}$

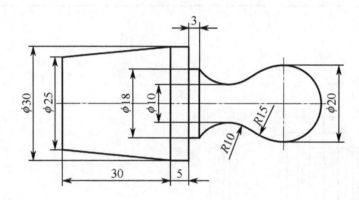

技术要求：

1. 未注尺寸公差按 GB/T 1804—2000-M 执行。

2. 去除毛刺、飞边。

综合零件			比例	重量	材料	第 张
制图		月 日		×××学院		
审核		月 日				

训练任务 1.6.3

任务描述： 零件如图所示，毛坯直径为 40 mm，长度为 100 mm，材料为 45 钢，完成零件编程及仿真加工。

任务要求： 要求建立工件坐标系和换刀点，设计工艺路线，计算刀位点的坐标值，编制加工程序。

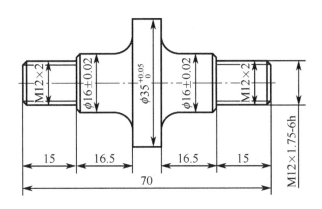

技术要求：

1. 未注尺寸公差按 GB/T 1804—2000-M 执行。

2. 去除毛刺、飞边。

3. 未注倒角均为 C2。

综合零件	比例	重量	材料	第
				张
制图	月　日	×××学院		
审核	月　日			

训练任务 1.6.4

任务描述： 零件如图所示，毛坯直径为 40 mm，长度为 100 mm，材料为 45 钢，完成零件编程及仿真加工。

任务要求： 要求建立工件坐标系和换刀点，设计工艺路线，计算刀位点的坐标值，编制加工程序。

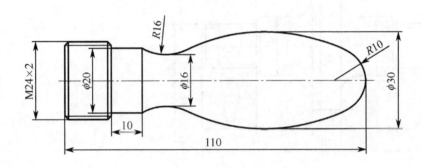

技术要求：

1. 未注尺寸公差按 GB/T 1804—2000-M 执行。

2. 去除毛刺、飞边。

3. 倒角全部为 C2。

综合零件			比例	重量	材料	第
						张
制图		月 日				
审核		月 日	×××学院			

训练任务 1.6.5

任务描述： 零件如图所示，毛坯直径为 40 mm，长度为 100 mm，材料为 45 钢，完成零件编程及仿真加工。

任务要求： 要求建立工件坐标系和换刀点，设计工艺路线，计算刀位点的坐标值，编制加工程序。

全部 $\sqrt{Ra3.2}$

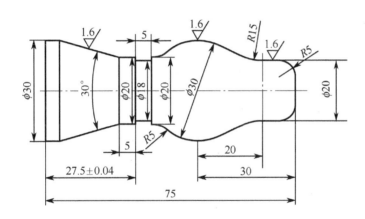

技术要求：

1. 未注尺寸公差按 GB/T 1804—2000-M 执行。

2. 去除毛刺、飞边。

综合零件		比例	重量	材料	第
					张
制图		月　日	×××学院		
审核		月　日			

训练任务 1.6.6

任务描述： 零件如图所示，毛坯直径为 40 mm，长度为 100 mm，材料为 45 钢，完成零件编程及仿真加工。

任务要求： 要求建立工件坐标系和换刀点，设计工艺路线，计算刀位点的坐标值，编制加工程序。

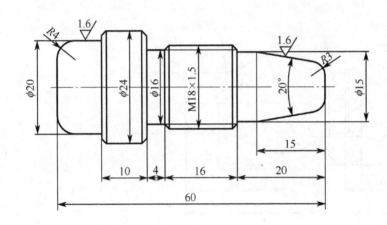

技术要求：

1. 未注尺寸公差按 GB/T 1804—2000-M 执行。

2. 去除毛刺、飞边。

3. 倒角全部为 C1.5。

	综合零件	比例	重量	材料	第
					张
制图		月　日		×××学院	
审核		月　日			

训练任务 1.6.7

任务描述：零件如图所示，毛坯直径为 45 mm，长度为 150 mm，材料为 45 钢，完成零件编程及仿真加工。

任务要求：要求建立工件坐标系和换刀点，设计工艺路线，计算刀位点的坐标值，编制加工程序。

全部 $\sqrt{Ra3.2}$

技术要求：

1. 未注尺寸公差按 GB/T 1804—2000-M 执行。

2. 去除毛刺、飞边。

3. 倒角全部为 C1。

综合零件	比例	重量	材料	第
				张
制图　　　月　日	×××学院			
审核　　　月　日				

训练任务 1.6.8

任务描述： 零件如图所示，毛坯直径为 30 mm，长度为 100 mm，材料为 45 钢，完成零件编程及仿真加工。

任务要求： 要求建立工件坐标系和换刀点，设计工艺路线，计算刀位点的坐标值，编制加工程序。

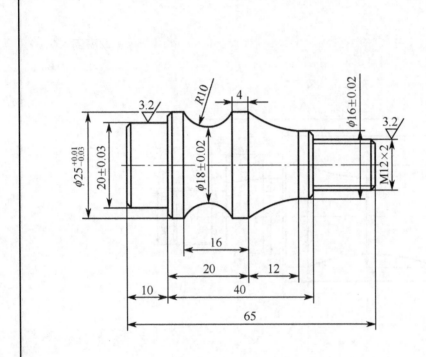

技术要求:

1. 未注尺寸公差按 GB/T 1804—2000-M 执行。

2. 去除毛刺、飞边。

3. 全部倒角均为 C2。

		比例	重量	材料	第
综合零件					张
制图		月 日		×××学院	
审核		月 日			

训练任务 1.6.9

任务描述： 零件如图所示，毛坯直径为 50 mm，长度为 120 mm，材料为 45 钢，完成零件编程及仿真加工。

任务要求： 要求建立工件坐标系和换刀点，设计工艺路线，计算刀位点的坐标值，编制加工程序。

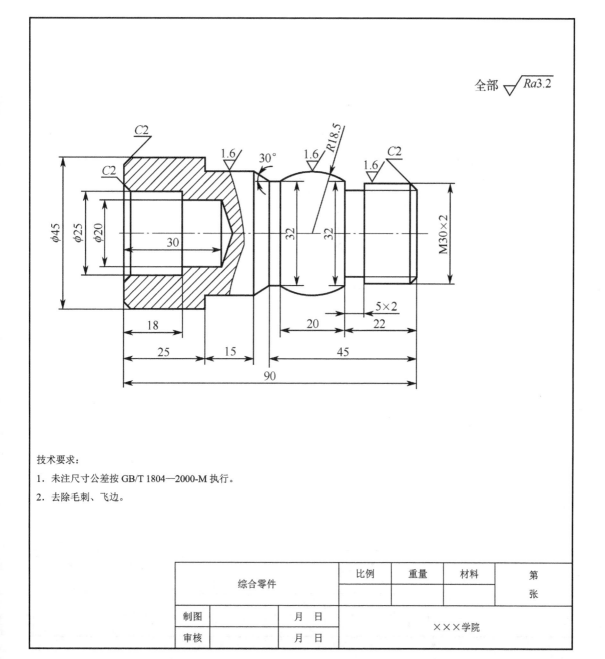

技术要求：

1. 未注尺寸公差按 GB/T 1804—2000-M 执行。

2. 去除毛刺、飞边。

综合零件			比例	重量	材料	第
						张
制图		月　日				
审核		月　日	×××学院			

数控加工技能训练册

训练任务 1.6.10

任务描述： 零件如图所示，毛坯直径为 50 mm，长度为 120 mm，材料为 45 钢，完成零件编程及仿真加工。

任务要求： 要求建立工件坐标系和换刀点，设计工艺路线，计算刀位点的坐标值，编制加工程序。

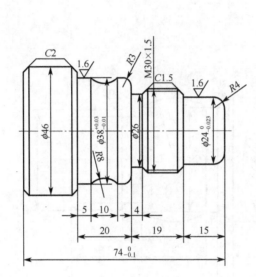

技术要求：

1. 未注尺寸公差按 GB/T 1804—2000-M 执行。

2. 去除毛刺、飞边。

	综合零件		比例	重量	材料	第
						张
制图		月　日		×××学院		
审核		月　日				

项目 1.7　配合件编程与加工

项目训练重点与难点：

1. 工艺安排；
2. 加工精度的保证；
3. 编程指令的综合运用；
4. 刀具的选择。

训练任务 1.7.1

任务描述： 用数控车床完成如图所示零件的加工，毛坯尺寸自定，材料为 45 钢。

任务要求：

（1）确定加工方案、刀具牌号，明确切削用量；

（2）填写工艺卡片；

（3）编写加工程序，并进行必要的文字说明；

（4）完成零件加工。

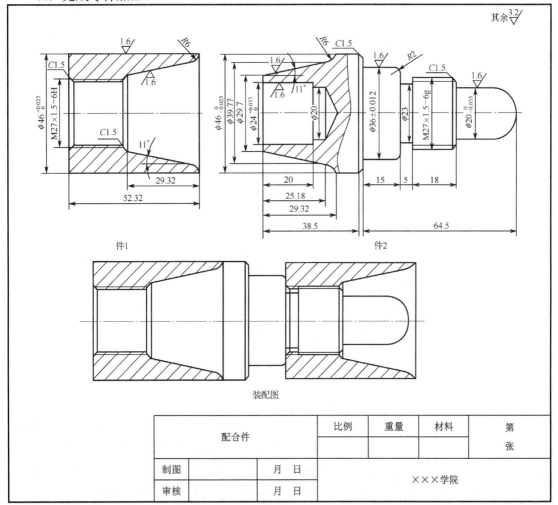

训练任务 1.7.2

任务描述： 用数控车床完成如图所示零件的加工，毛坯尺寸自定，材料为 45 钢。

任务要求：

（1）确定加工方案、刀具牌号，明确切削用量；

（2）填写工艺卡片；

（3）编写加工程序，并进行必要的文字说明；

（4）完成零件加工。

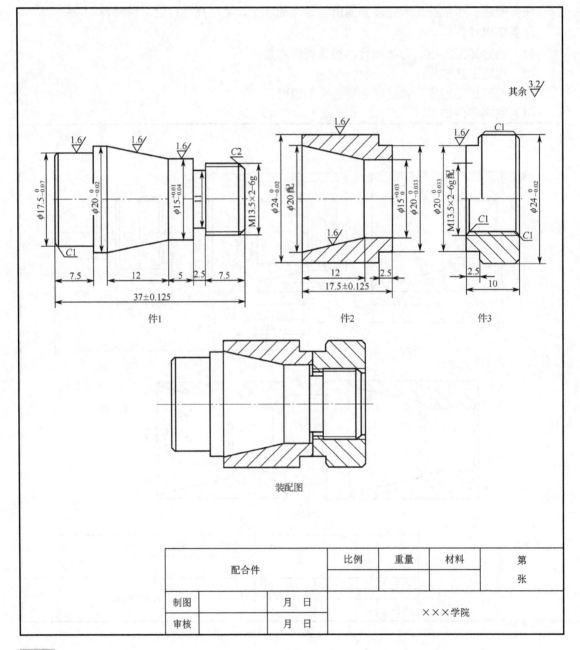

件1　　　　件2　　　　件3

装配图

	比例	重量	材料	第
配合件				张
制图　　　　　月　日		×××学院		
审核　　　　　月　日				

训练任务 1.7.3

任务描述： 用数控车床完成如图所示零件的加工，毛坯尺寸自定，材料为45钢。

任务要求：

（1）确定加工方案、刀具牌号，明确切削用量；

（2）填写工艺卡片；

（3）编写加工程序，并进行必要的文字说明；

（4）完成零件加工。

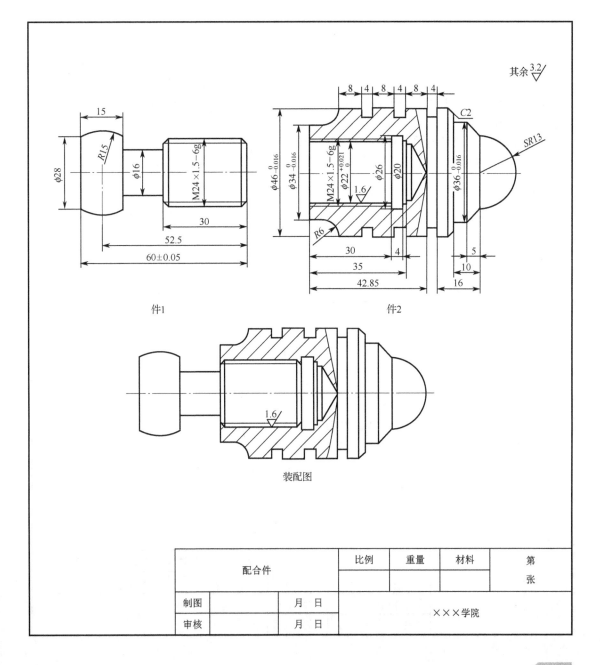

件1　　　　　件2

装配图

		比例	重量	材料	第
配合件					张
制图		月　日		×××学院	
审核		月　日			

模块2 数控铣床（加工中心）编程与加工训练

项目2.1 编程基础训练

项目训练重点与难点：

1. 零件坐标系的选择；
2. 刀位点的计算；
3. 编程指令的综合运用；
4. 刀具的选择。

训练任务2.1.1

任务描述： 图示零件坐标系已经给定，练习计算编程坐标值。

任务要求： 分别写出图示零件上各刀位点的绝对坐标与增量坐标。

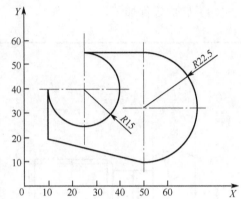

训练任务2.1.2

任务描述： 刀具起点在（-40，0），法向切入（-20，0）点，铣削一个 $\phi 40$ mm 的整圆工件，并法向切出返回点（-40，0），刀具轨迹如图所示。

任务要求： 在图上标示出需要用到的刀位点，不考虑刀具半径补偿，编写零件外轮廓精铣加工程序。

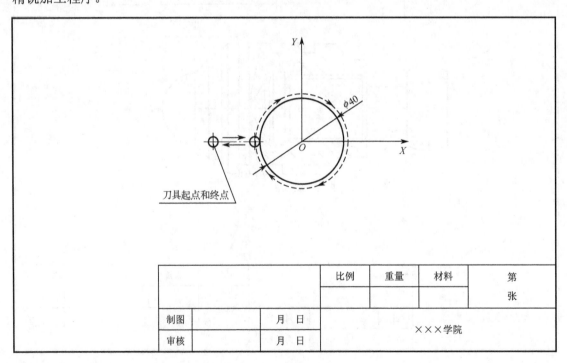

刀具起点和终点

			比例	重量	材料	第
						张
制图		月 日			×××学院	
审核		月 日				

训练任务 2.1.3

任务描述：刀具起点在（-40，-20），从切向切入到（-20，0）点，铣一个 ϕ40 mm 的整圆工件，并切向切出，然后到达（-40，20）点。

任务要求：在图上标示出需要用到的刀位点，考虑刀具半径补偿，编写零件外轮廓精铣加工程序。

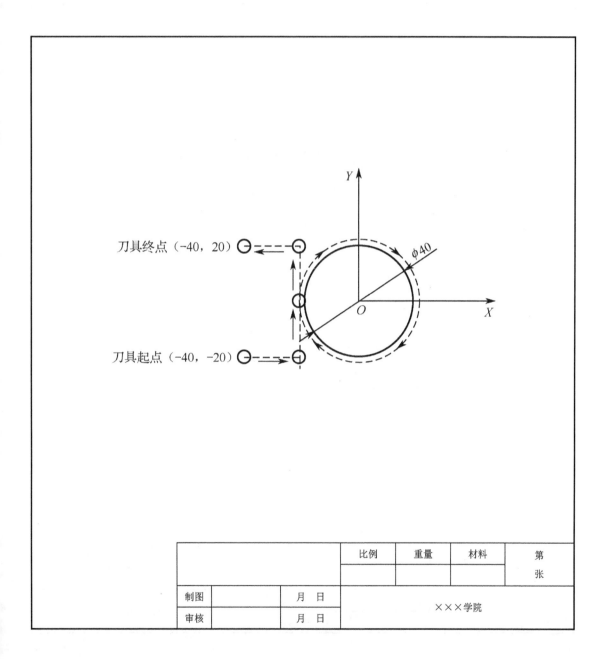

		比例	重量	材料	第
					张
制图		月　日		×××学院	
审核		月　日			

训练任务 2.1.4

任务描述：图示零件圆周阵列分布 6 个 ϕ8 mm 的小孔，练习计算编程坐标值。

任务要求：分别写出图示零件上孔中心坐标的绝对坐标与增量坐标。

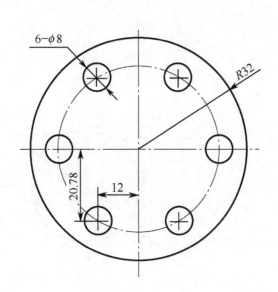

			比例	重量	材料	第
						张
制图		月　日				
审核		月　日		×××学院		

训练任务 2.1.5

任务描述： 图示零件坐标系没有给定，练习计算编程坐标值及编制精加工程序。

任务要求： 分别写出图示零件上各刀位点的绝对坐标与增量坐标，并分别用绝对编程和增量编程方式编制外轮廓的精加工程序。

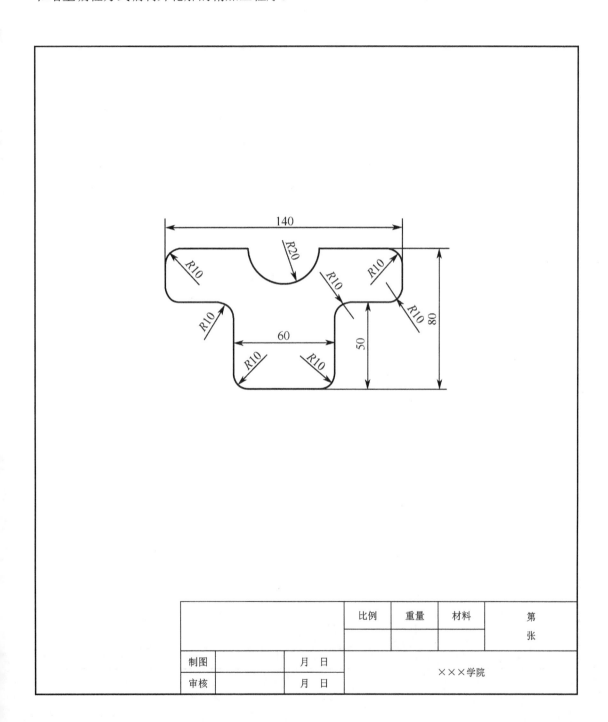

		比例	重量	材料	第
					张
制图	月　日		×××学院		
审核	月　日				

训练任务 2.1.6

任务描述： 图示零件坐标系已经给定，练习计算编程坐标值及编制精加工程序。

任务要求： 分别写出图示零件上外轮廓各刀位点的绝对坐标与增量坐标，并分别用绝对编程和增量编程方式编制外轮廓的精加工程序。

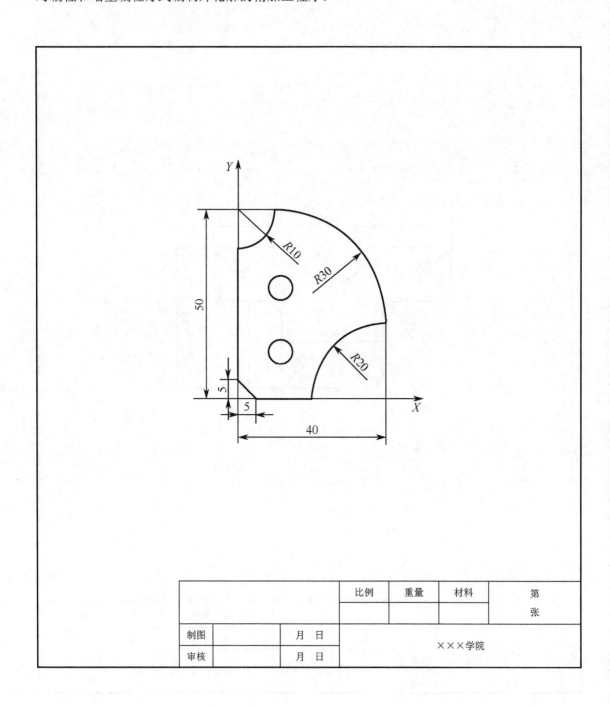

		比例	重量	材料	第
					张
制图		月 日		×××学院	
审核		月 日			

训练任务 2.1.7

任务描述： 图示零件坐标系已经给定，练习计算编程坐标值及编制精加工程序。

任务要求： 分别写出图示零件上外轮廓及通孔中心各刀位点的绝对坐标与增量坐标，并分别用绝对编程和增量编程方式编制外轮廓的精加工程序。

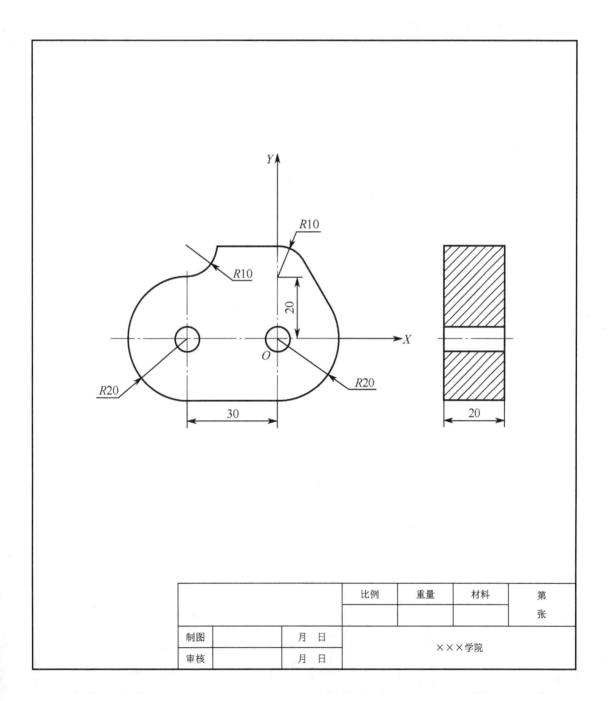

		比例	重量	材料	第
					张
制图		月　日	×××学院		
审核		月　日			

项目 2.2 型腔零件编程与加工

项目训练重点与难点:

1. 零件坐标系的选择;

2. 刀位点的计算;

3. 编程指令的综合运用;

4. 刀具的选择。

训练任务 2.2.1

任务描述: 图示零件毛坯尺寸为 80 mm×50 mm×5 mm,零件坐标系已经选定。

任务要求:

(1) 确定加工方案,选择刀具、夹具,明确切削用量;

(2) 编写深度为 3 mm 的键槽及外轮廓的精加工程序,并进行必要的工艺说明。

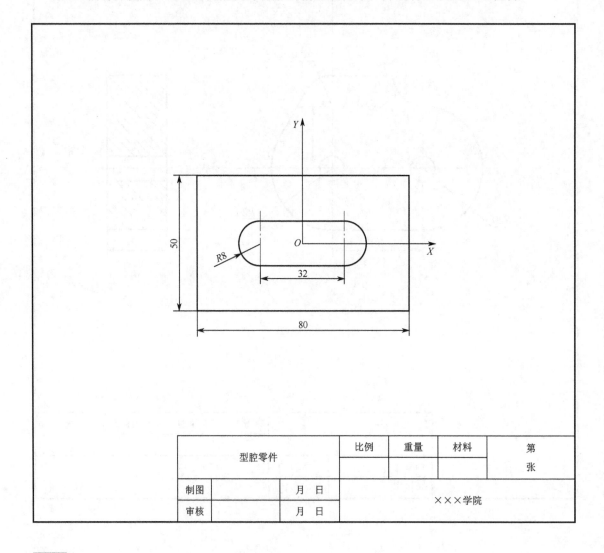

型腔零件		比例	重量	材料	第
					张
制图		月 日		×××学院	
审核		月 日			

训练任务 2.2.2

任务描述： 图示零件为一盖板，材料为 45 钢，毛坯尺寸为 100 mm×80 mm×20 mm。

任务要求：

（1）在图上标示出零件坐标系；

（2）确定加工方案，选择刀具、夹具，明确切削用量；

（3）编写型腔部分的精加工程序，并进行必要的工艺说明。

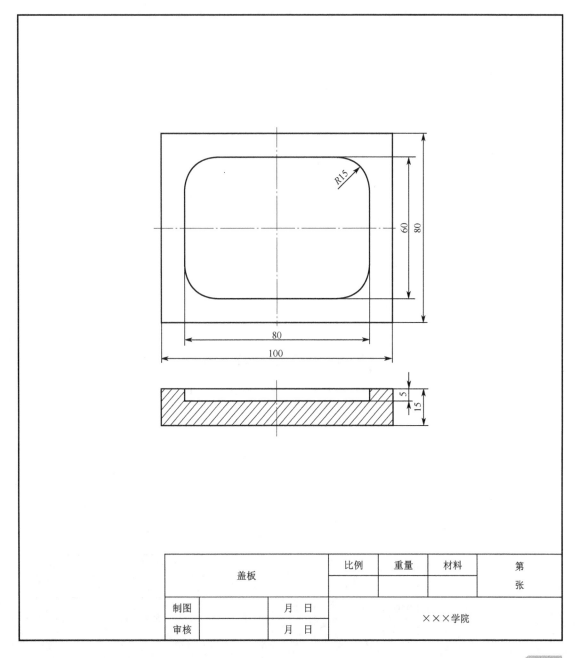

		比例	重量	材料	第
盖板					张
制图		月　日	×××学院		
审核		月　日			

训练任务 2.2.3

任务描述： 图示零件为一盖板，材料为 45 钢，毛坯尺寸为 70 mm×70 mm×25 mm。

任务要求：

（1）在图上标示出零件坐标系；

（2）确定加工方案，选择刀具、夹具，明确切削用量；

（3）编写型腔部分的精加工程序，并进行必要的工艺说明。

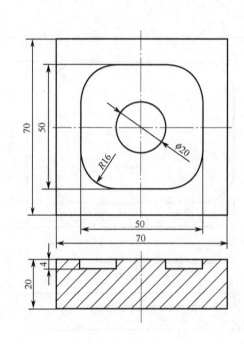

		比例	重量	材料	第
盖板					张
制图		月　日		×××学院	
审核		月　日			

训练任务 2.2.4

任务描述：图示零件为一盖板，材料为 45 钢，毛坯尺寸为 100 mm×100 mm×20 mm。

任务要求：

（1）在图上标示出零件坐标系；

（2）确定加工方案，选择刀具、夹具，明确切削用量；

（3）编写键槽部分的精加工程序，并进行必要的工艺说明。

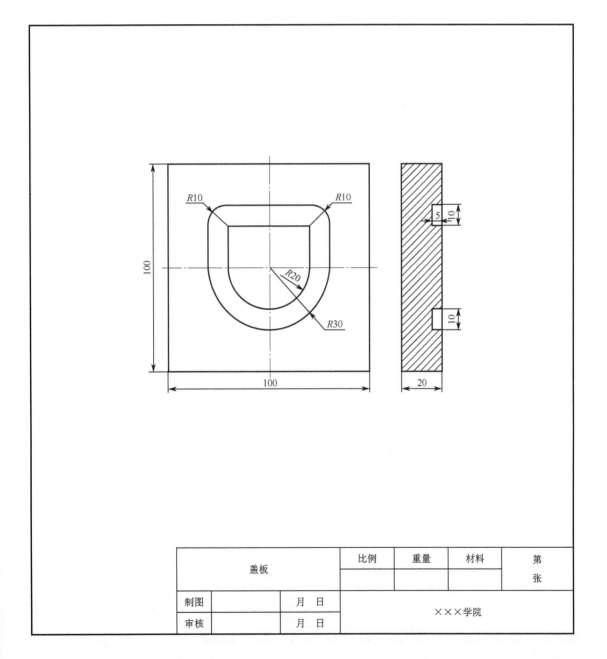

		比例	重量	材料	第
盖板					张
制图		月　日		×××学院	
审核		月　日			

项目 2.3　台阶零件编程与加工

项目训练重点与难点：

1. 零件坐标系的选择；

2. 刀位点的计算；

3. 编程指令的综合运用；

4. 刀具的选择。

训练任务 2.3.1

任务描述： 图示零件为一盖板，材料为 45 钢，毛坯尺寸为 200 mm×120 mm×30 mm。

任务要求：

（1）在图上标示出零件坐标系；

（2）确定加工方案，选择刀具、夹具，明确切削用量；

（3）编写凸台部分及外轮廓的精加工程序，并进行必要的工艺说明。

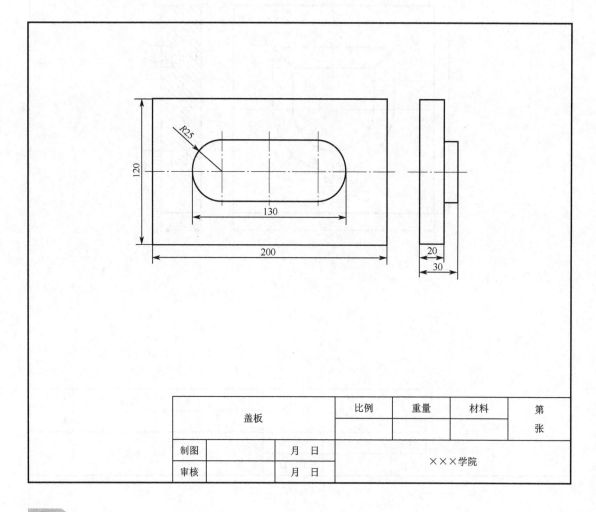

	盖板			比例	重量	材料	第
							张
制图		月　日					
审核		月　日			×××学院		

训练任务 2.3.2

任务描述：图示零件为一盖板，材料为 45 钢，毛坯尺寸为 100 mm×80 mm×20 mm。

任务要求：

（1）在图上标示出零件坐标系；

（2）确定加工方案，选择刀具、夹具，明确切削用量；

（3）编写凸台部分及外轮廓的精加工程序，并进行必要的工艺说明。

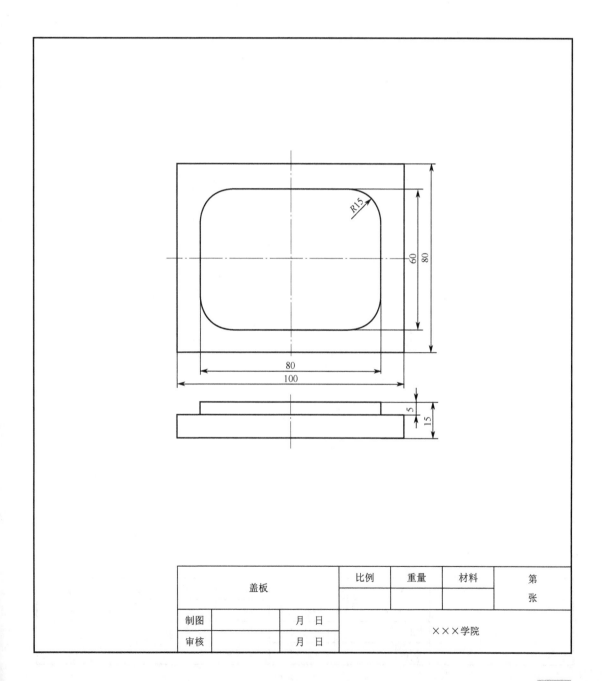

		比例	重量	材料	第
盖板					张
制图		月　日	×××学院		
审核		月　日			

数控加工技能训练册

训练任务 2.3.3

任务描述： 图示零件为一盖板，材料为 45 钢，毛坯尺寸为 100 mm×80 mm×20 mm。

任务要求：

（1）在图上标示出零件坐标系；

（2）确定加工方案，选择刀具、夹具，明确切削用量；

（3）编写凸台部分及外轮廓的精加工程序，并进行必要的工艺说明。

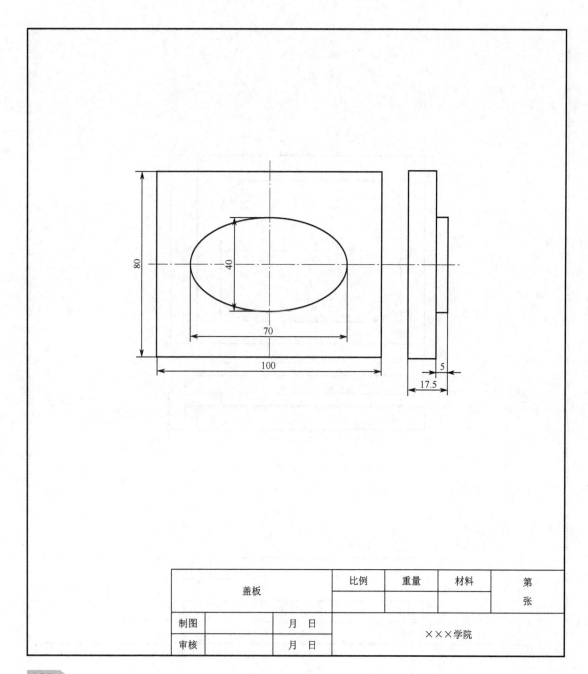

		比例	重量	材料	第
	盖板				张
制图		月　日		×××学院	
审核		月　日			

训练任务 2.3.4

任务描述： 图示零件为一盖板，材料为 45 钢，毛坯尺寸为 60 mm×60 mm×35 mm。

任务要求：

（1）在图上标示出零件坐标系；

（2）确定加工方案，选择刀具、夹具，明确切削用量；

（3）编写凸台部分及外轮廓的精加工程序，并进行必要的工艺说明。

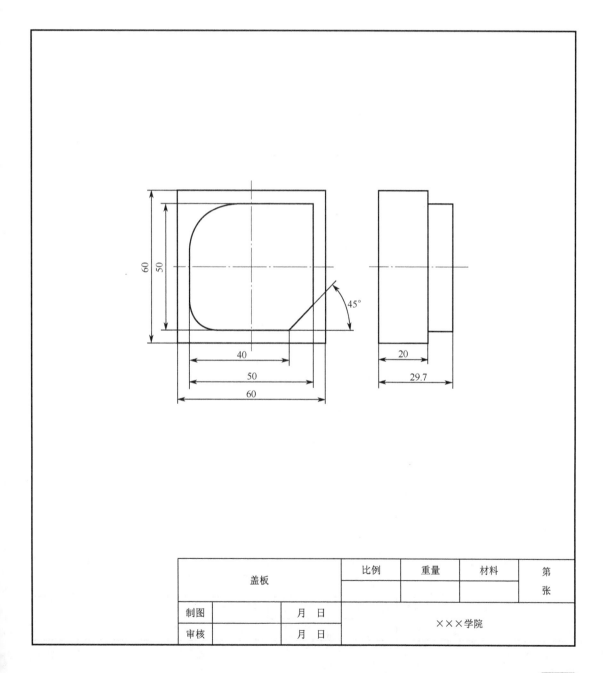

		比例	重量	材料	第
盖板					张
制图		月　日		×××学院	
审核		月　日			

训练任务 2.3.5

任务描述： 图示零件为一盖板，材料为 45 钢，毛坯尺寸为 70 mm×70 mm×25 mm。

任务要求：

（1）在图上标示出零件坐标系；

（2）确定加工方案，选择刀具、夹具，明确切削用量；

（3）编写凸台部分及外轮廓的精加工程序，并进行必要的工艺说明。

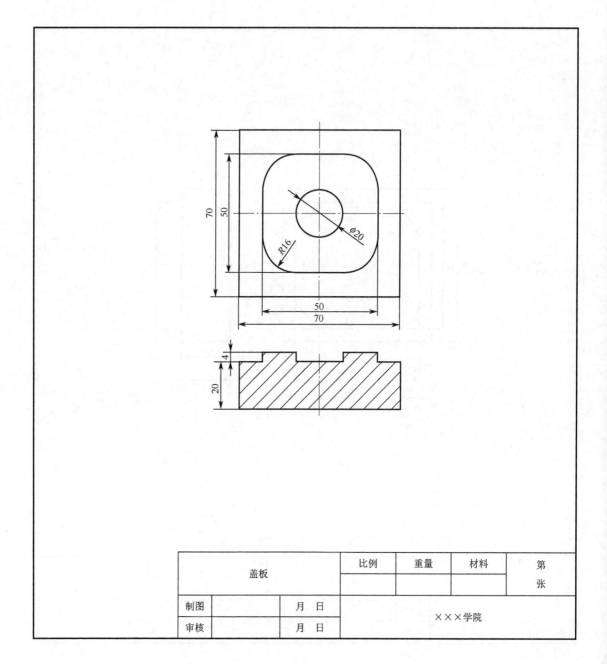

		比例	重量	材料	第
盖板					张
制图		月　日	×××学院		
审核		月　日			

项目 2.4 孔类零件编程与加工

项目训练重点与难点：

1. 零件坐标系的选择；
2. 刀位点的计算；
3. 编程指令的综合运用；
4. 刀具的选择。

训练任务 2.4.1

任务描述： 图示零件材料为 45 钢，毛坯尺寸为 100 mm×100 mm×30 mm。

任务要求：

（1）在图上标示出零件坐标系；

（2）确定加工方案，选择刀具、夹具，明确切削用量；

（3）编写 4 个通孔及外轮廓的加工程序，并进行必要的工艺说明。

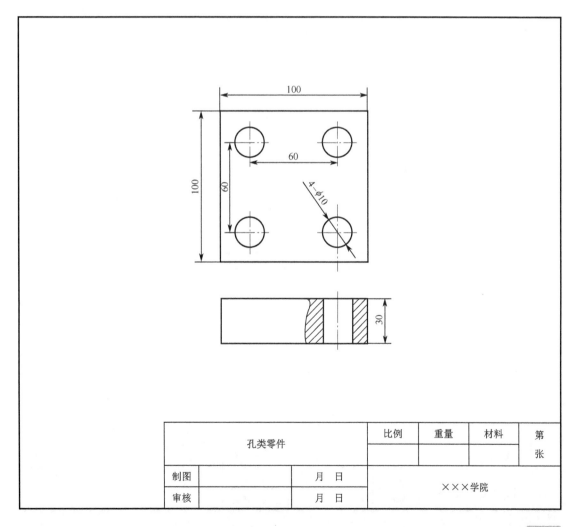

	比例	重量	材料	第
孔类零件				张
制图	月 日	×××学院		
审核	月 日			

训练任务 2.4.2

任务描述：图示零件材料为 45 钢，毛坯尺寸为 100 mm×100 mm×25 mm。

任务要求：

（1）在图上标示出零件坐标系；

（2）确定加工方案，选择刀具、夹具，明确切削用量；

（3）编写 5 个通孔及外轮廓的加工程序，并进行必要的工艺说明。

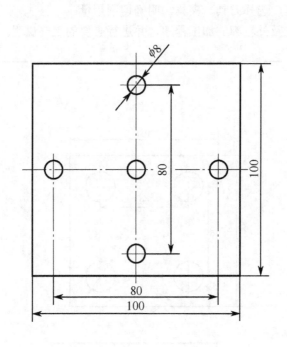

		比例	重量	材料	第
孔类零件					张
制图		月　日		×××学院	
审核		月　日			

训练任务 2.4.3

任务描述：图示零件材料为 45 钢，毛坯尺寸为 80 mm×60 mm×15 mm。

任务要求：

（1）在图上标示出零件坐标系；

（2）确定加工方案，选择刀具、夹具，明确切削用量；

（3）编写零件加工程序，并进行必要的工艺说明。

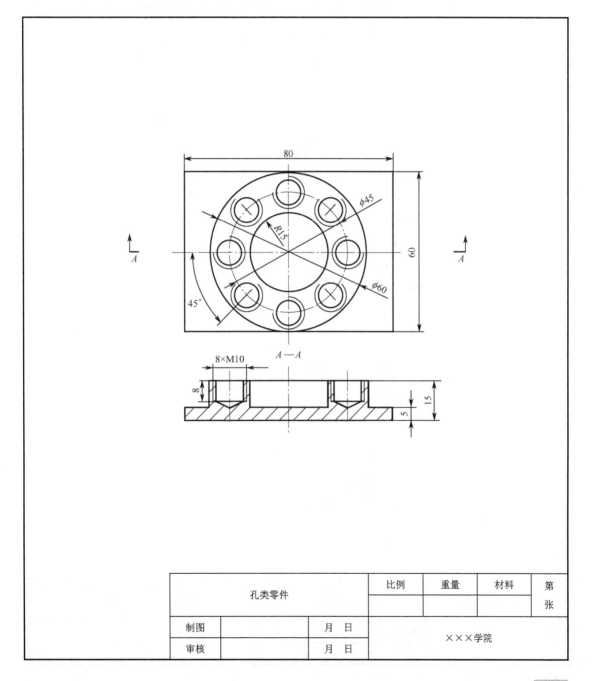

	比例	重量	材料	第
孔类零件				张
制图		月　日		
审核		月　日	×××学院	

数控加工技能训练册

训练任务 2.4.4

任务描述：图示零件材料为 45 钢，毛坯尺寸为 100 mm×80 mm×30 mm。

任务要求：

（1）在图上标示出零件坐标系；

（2）确定加工方案，选择刀具、夹具，明确切削用量；

（3）编写零件 4 个通孔及型腔的加工程序，并进行必要的工艺说明。

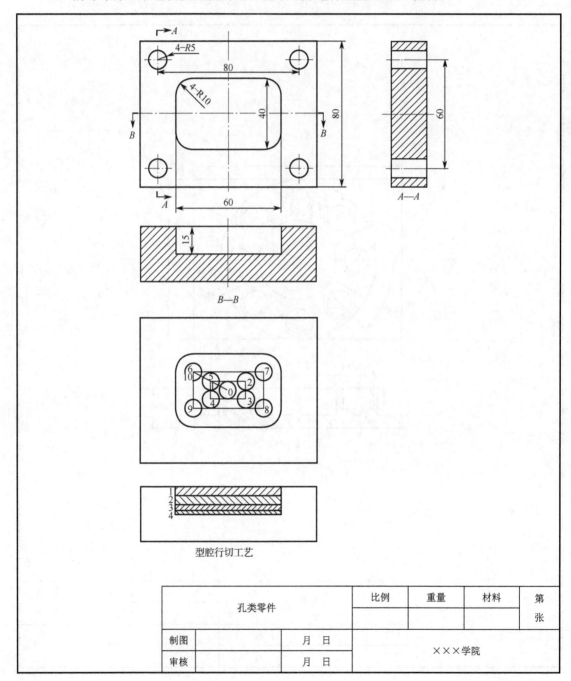

型腔行切工艺

		比例	重量	材料	第
孔类零件					张
制图	月　日		×××学院		
审核	月　日				

项目 2.5　盘类零件编程与加工

项目训练重点与难点：

1. 零件坐标系的选择；
2. 刀位点的计算；
3. 编程指令的综合运用；
4. 刀具的选择。

训练任务 2.5.1

任务描述： 图示零件为一盘类零件，材料为 45 钢，毛坯直径为 80 mm，毛坯高度为 30 mm。

任务要求：

（1）在图上标示出零件坐标系；

（2）确定加工方案，选择刀具，明确切削用量；

（3）填写工艺卡片；

（4）编写加工程序，并进行必要的工艺说明。

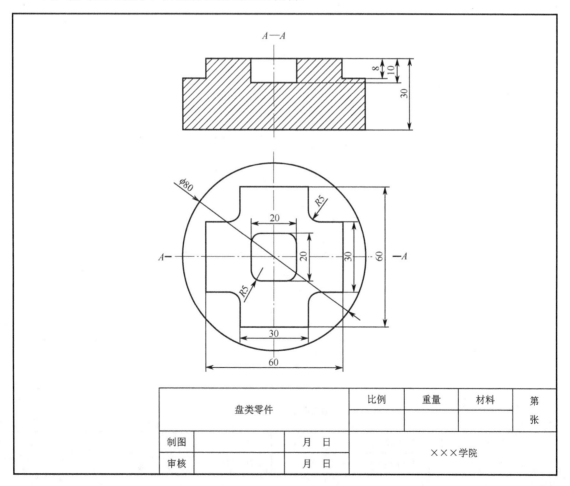

训练任务 2.5.2

任务描述：图示零件为一盘类零件，材料为 45 钢，毛坯直径为 80 mm，毛坯高度为 30 mm。

任务要求：

（1）在图上标示出零件坐标系；

（2）确定加工方案，选择刀具，明确切削用量；

（3）填写工艺卡片；

（4）编写加工程序，并进行必要的工艺说明。

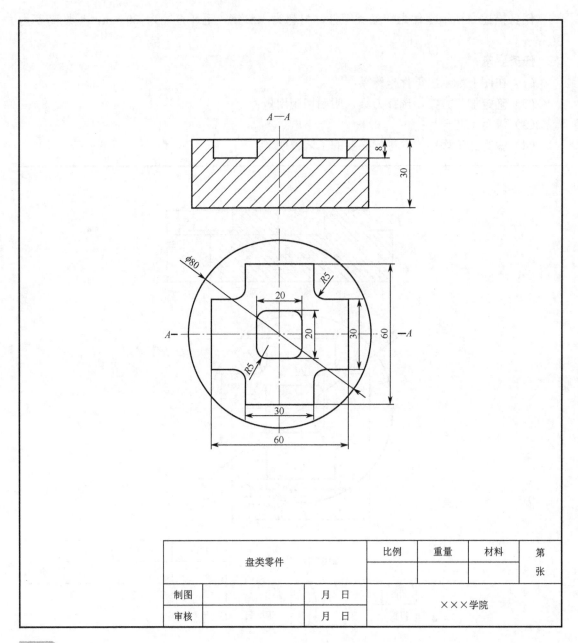

	盘类零件		比例	重量	材料	第
						张
制图		月 日		×××学院		
审核		月 日				

训练任务 2.5.3

任务描述： 图示零件为一盖板，材料为 45 钢，毛坯直径为 100 mm，毛坯厚度为 15 mm。

任务要求：

（1）在图上标示出零件坐标系；

（2）确定加工方案，选择刀具，明确切削用量；

（3）填写工艺卡片；

（4）编写加工程序，并进行必要的工艺说明。

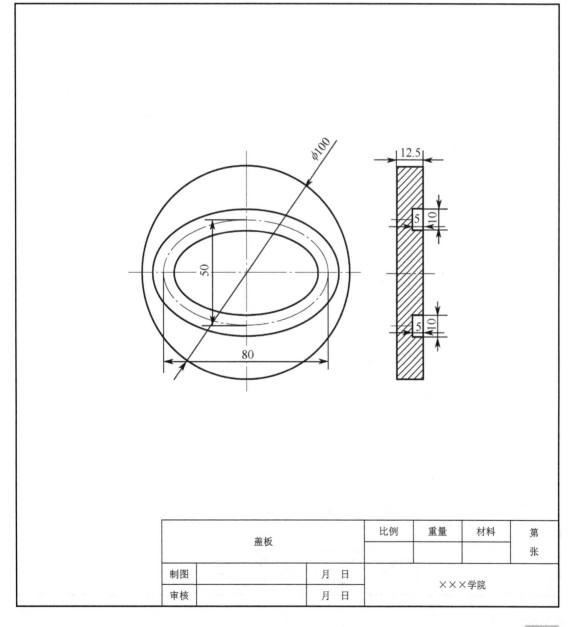

		比例	重量	材料	第
盖板					张
制图		月 日	×××学院		
审核		月 日			

训练任务 2.5.4

任务描述： 图示零件材料为 HT200，铸造成型，毛坯直径为 100 mm。

任务要求：

（1）以工件上表面为 Z 向零平面，试编出如图所示孔和槽的加工程序；

（2）采用分层铣削；

（3）要求用主、子程序调用，并考虑刀具半径补偿。

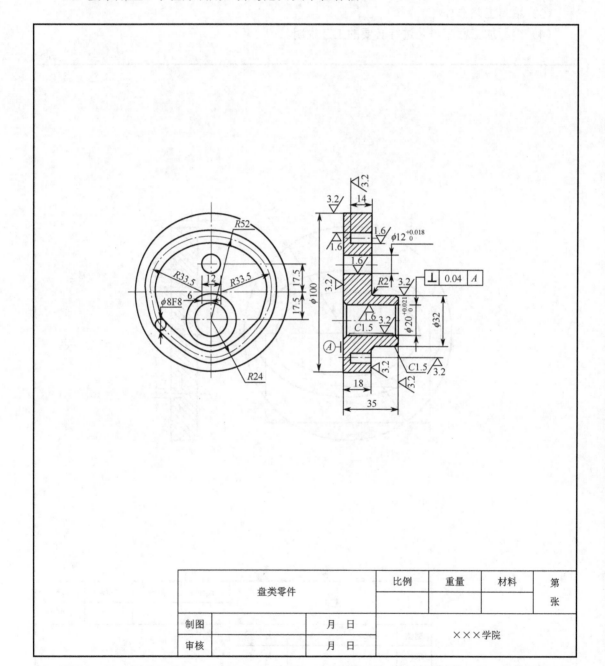

		比例	重量	材料	第
盘类零件					张
制图		月 日	×××学院		
审核		月 日			

训练任务 2.5.5

任务描述：加工如图所示零件，设中间 $\phi28$ mm 的圆孔与外圆 $\phi130$ mm 已经加工完成，现需要在数控机床上铣出直径 $\phi40\sim120$ mm、深 5 mm 的圆环槽和 7 个腰形通孔。

任务要求：

（1）在图上标示出零件坐标系；

（2）确定加工方案，选择刀具，明确切削用量；

（3）填写工艺卡片；

（4）编写加工程序，并进行必要的工艺说明。

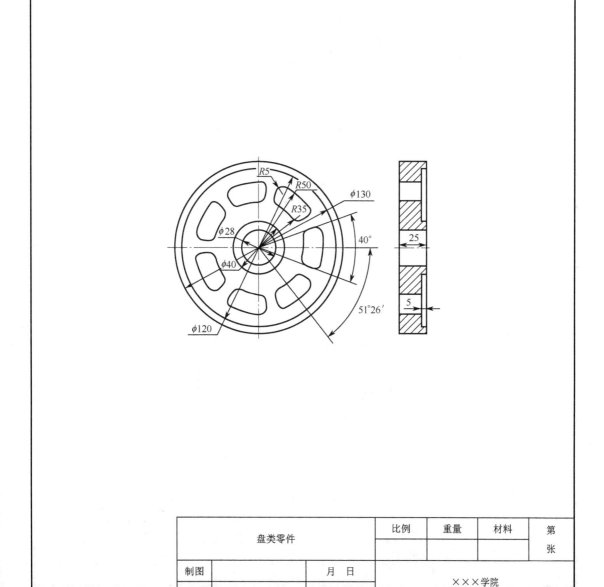

		比例	重量	材料	第
	盘类零件				张
制图		月　日		×××学院	
审核		月　日			

项目 2.6 综合零件编程与加工

项目训练重点与难点：

1. 零件坐标系的选择；
2. 刀位点的计算；
3. 编程指令的综合运用；
4. 刀具的选择。

训练任务 2.6.1

任务描述：图示零件为一盖板，材料为 45 钢，毛坯尺寸为 100 mm×100 mm×15 mm。

任务要求：

（1）在图上标示出零件坐标系；

（2）确定加工方案，选择刀具，明确切削用量；

（3）填写工艺卡片；

（4）编写加工程序，并进行必要的工艺说明。

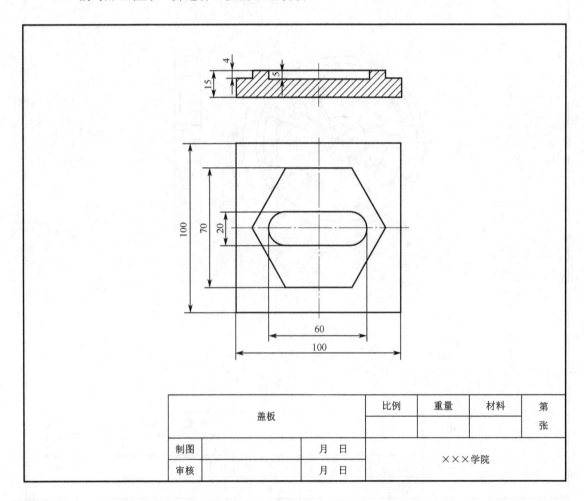

		比例	重量	材料	第
盖板					张
制图	月 日	×××学院			
审核	月 日				

训练任务 2.6.2

任务描述： 零件如图所示，材料为 45 钢，毛坯尺寸为 100 mm×60 mm×25 mm，$W=$ 12 mm。

任务要求：

（1）在图上标示出零件坐标系；

（2）确定加工方案，选择刀具，明确切削用量；

（3）填写工艺卡片；

（4）编写加工程序，并进行必要的工艺说明。

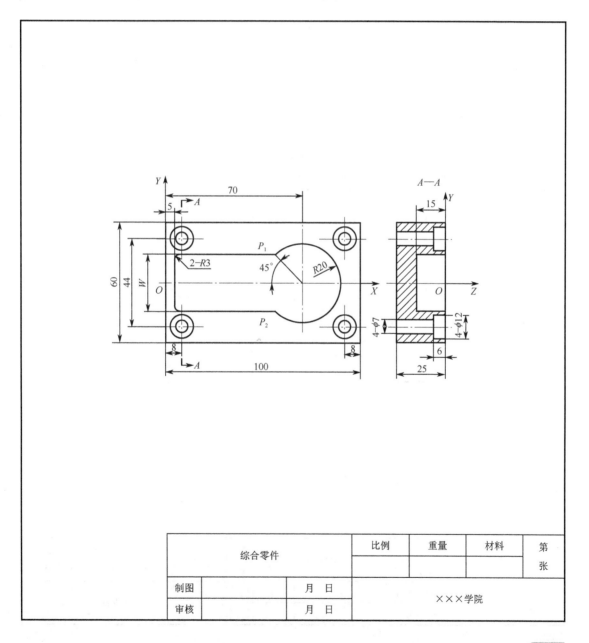

	比例	重量	材料	第
综合零件				张
制图	月　日			
审核	月　日	×××学院		

训练任务 2.6.3

任务描述: 零件如图所示,材料为 45 钢,毛坯尺寸为 90 mm×90 mm×30 mm。

任务要求:

(1)在图上标示出零件坐标系;

(2)确定加工方案,选择刀具,明确切削用量;

(3)填写工艺卡片;

(4)编写加工程序,并进行必要的工艺说明。

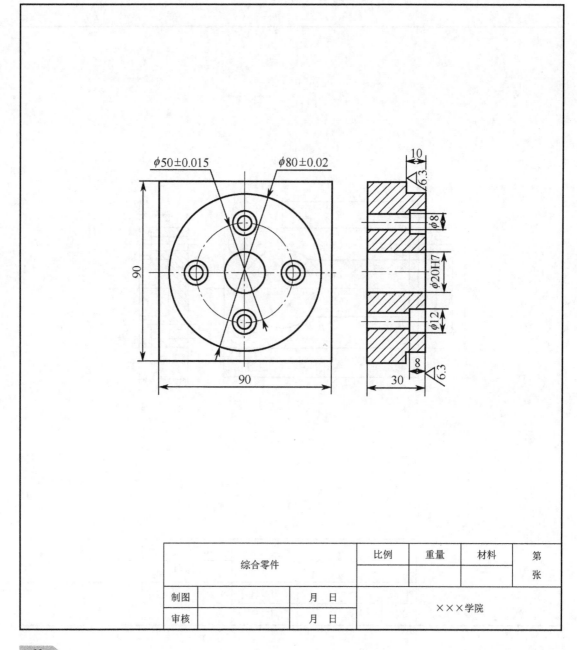

		比例	重量	材料	第
综合零件					张
制图		月 日	×××学院		
审核		月 日			

训练任务 2.6.4

任务描述： 零件如图所示，材料为 45 钢，毛坯尺寸为 90 mm×90 mm×30 mm。

任务要求：

（1）在图上标示出零件坐标系；

（2）确定加工方案，选择刀具，明确切削用量；

（3）填写工艺卡片；

（4）编写加工程序，并进行必要的工艺说明。

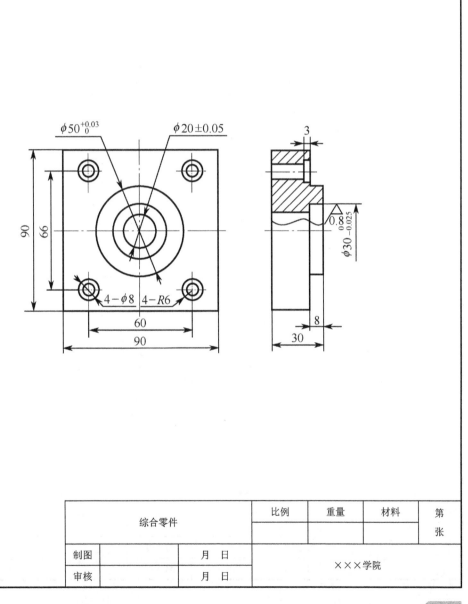

		比例	重量	材料	第
综合零件					张
制图	月　日		×××学院		
审核	月　日				

训练任务 2.6.5

任务描述：零件如图所示，材料为 45 钢，毛坯尺寸为 100 mm×80 mm×25 mm。

任务要求：

（1）在图上标示出零件坐标系；

（2）确定加工方案，选择刀具，明确切削用量；

（3）填写工艺卡片；

（4）编写加工程序，并进行必要的工艺说明。

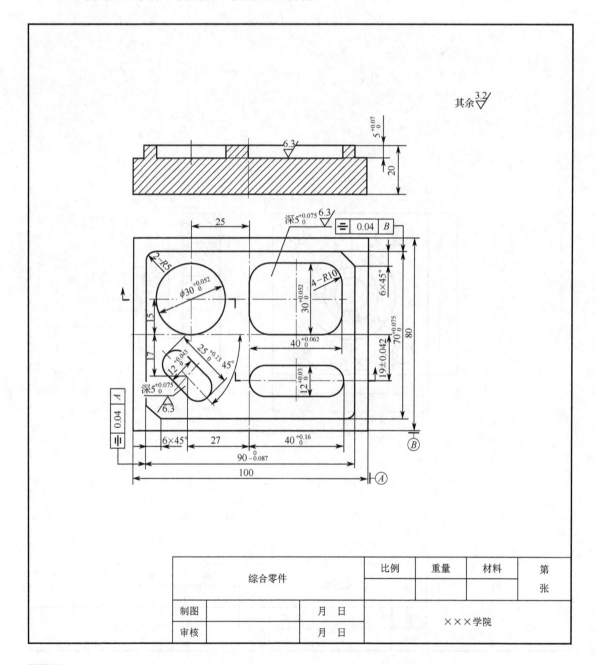

	比例	重量	材料	第
综合零件				张
制图	月 日		×××学院	
审核	月 日			

模块 3 自动编程与加工训练

项目 3.1 简单零件的编程与加工

训练任务 3.1.1

任务描述：如图所示零件，毛坯为 ϕ70 mm×50 mm 铝棒料。零件由 3 层不同外形的台阶组成，下层是一个外接圆为 ϕ68 mm 的正六边形，上层由高度为 15 mm、直径为 ϕ30±0.03 mm 的圆柱体与长为 50 mm、宽为 20±0.03 mm、高为 5 mm、圆角为 R5 mm 的键组合而成。

任务要求：完成图示零件造型，生成程序，完成零件加工。

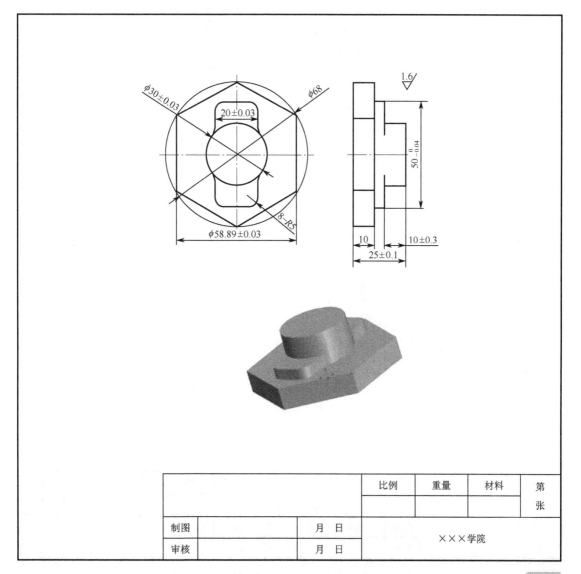

		比例	重量	材料	第
					张
制图		月 日	×××学院		
审核		月 日			

训练任务 3.1.2

任务描述：零件如图所示，毛坯和刀具参数自定。

任务要求：完成图示零件造型，生成程序，完成零件加工。

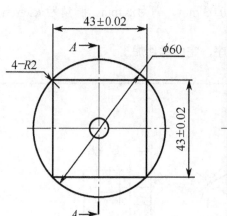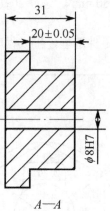

未注公差±0.05

$A-A$

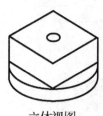

立体视图

		比例	重量	材料	第
					张
制图		月　日		×××学院	
审核		月　日			

训练任务 3.1.3

任务描述：如图所示零件，加工内容包括长方形、十字花槽和圆槽的加工。长方形长度、宽度分别为 58 mm 和 50 mm，尺寸公差为±0.05 mm；十字花槽宽度、长度和圆槽直径尺寸均有较高的精度要求，分粗、精加工。毛坯为ϕ80 mm 铝棒料。

任务要求：完成图示零件造型，生成程序，完成零件加工。

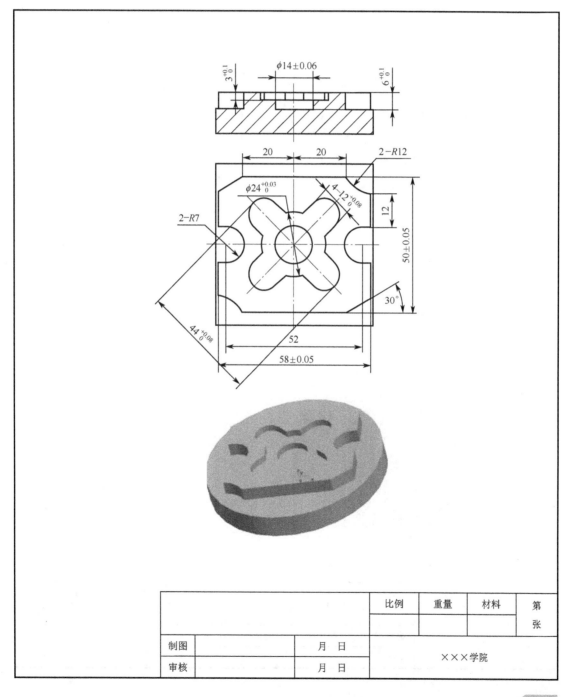

		比例	重量	材料	第
					张
制图		月　日		×××学院	
审核		月　日			

训练任务 3.1.4

任务描述：如图所示零件，加工内容包括六边形、外圆和内轮廓的加工。六边形对边长度要求尺寸公差为±0.03 mm；外圆直径尺寸精度为上偏差 0.03 mm，下偏差为 0，应分粗、精加工；中间部分是一个十字对称花槽，无尺寸精度要求。毛坯为φ50 mm 铝棒料。

任务要求：完成图示零件造型，生成程序，完成零件加工。

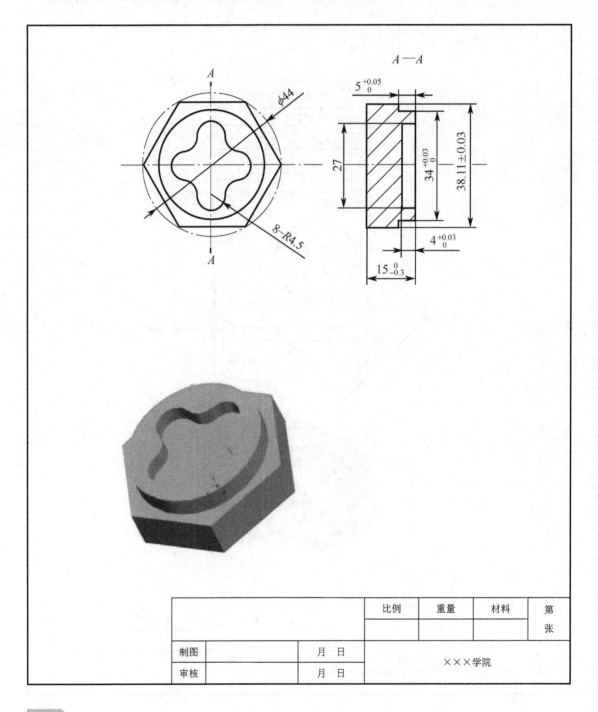

			比例	重量	材料	第
						张
制图		月　日		×××学院		
审核		月　日				

训练任务 3.1.5

任务描述： 如图所示花键零件图，加工内容包括六边形及 6 个键槽的加工。键槽宽度和长度要求尺寸公差均为±0.03 mm，所以应分粗、精加工。中间部分是一个阶梯孔，无尺寸精度要求。毛坯为ϕ50 mm 铝棒料。

任务要求： 完成图示零件造型，生成程序，完成零件加工。

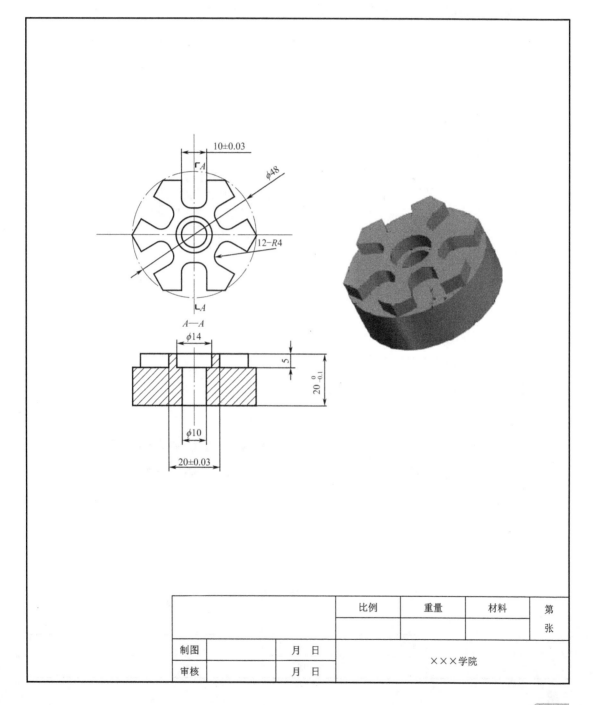

训练任务 3.1.6

任务描述： 如图所示为两配合件加工。件 1 为凸件，凸台分两层，均为十字状，零件外形为正方形，圆角为 R20 mm，其中上层凸台过渡圆角为 R5 mm，下层凸台过渡圆角为 R10 mm，每层高度均为 5 mm，上层高度公差为 ±0.1 mm。件 2 为凹件，外形同件 1，只是凸台部分变为凹槽。要求两件配合间隙 ≤0.06 mm。

任务要求： 完成图示零件造型，生成程序，完成零件加工。

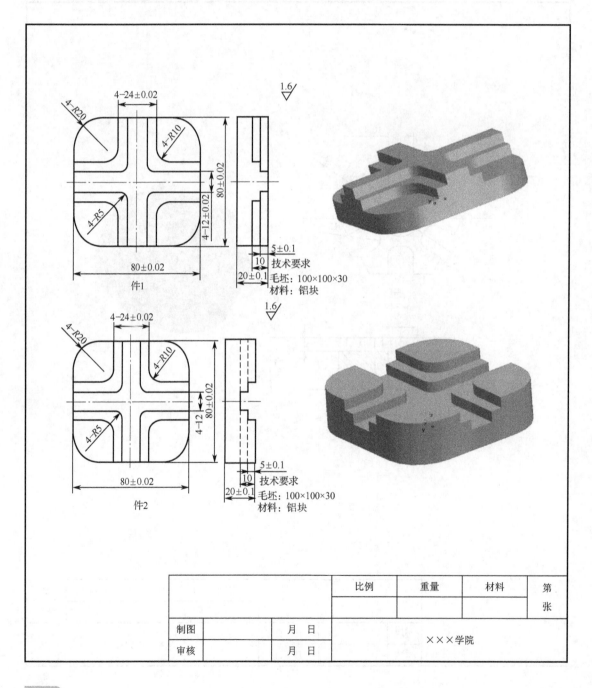

		比例	重量	材料	第
					张
制图		月 日		×××学院	
审核		月 日			

训练任务 3.1.7

任务描述：零件如图所示，毛坯和刀具参数自定。

任务要求：完成图示零件造型，生成程序，完成零件加工。

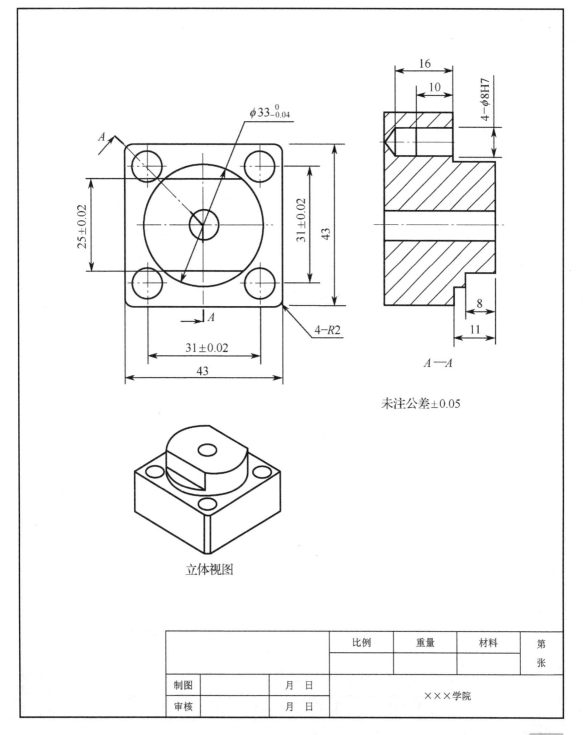

立体视图

$A-A$

未注公差±0.05

		比例	重量	材料	第
					张
制图		月　日		×××学院	
审核		月　日			

训练任务 3.1.8

任务描述：零件如图所示，毛坯和刀具参数自定。

任务要求：完成图示零件造型，生成程序，完成零件加工。

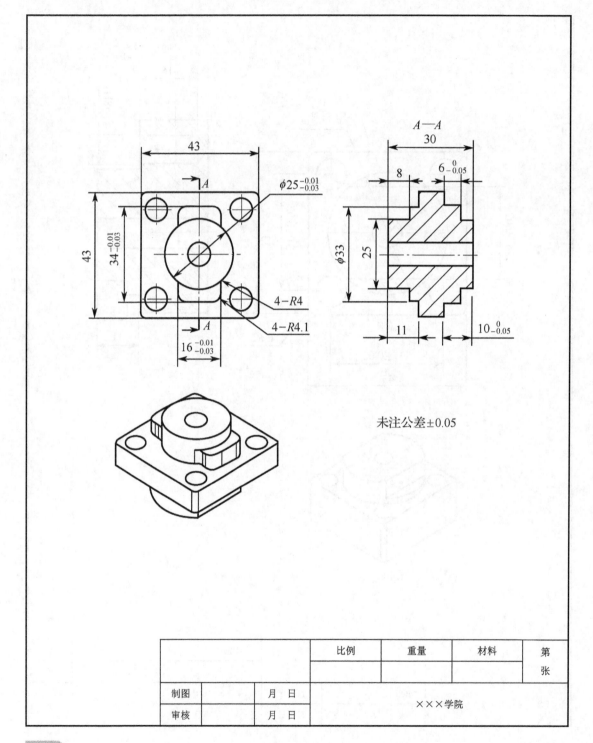

未注公差±0.05

		比例	重量	材料	第
					张
制图		月　日		×××学院	
审核		月　日			

训练任务 3.1.9

任务描述：零件如图所示，毛坯和刀具参数自定。

任务要求：完成图示零件造型，生成程序，完成零件加工。

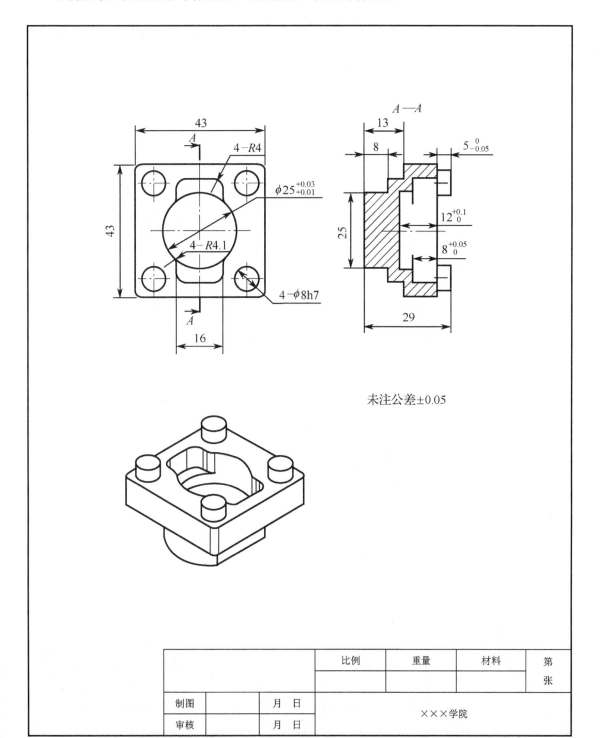

未注公差±0.05

		比例	重量	材料	第
					张
制图		月　日		×××学院	
审核		月　日			

训练任务 3.1.10

任务描述：零件如图所示，毛坯和刀具参数自定。

任务要求：完成图示零件造型，生成程序，完成零件加工。

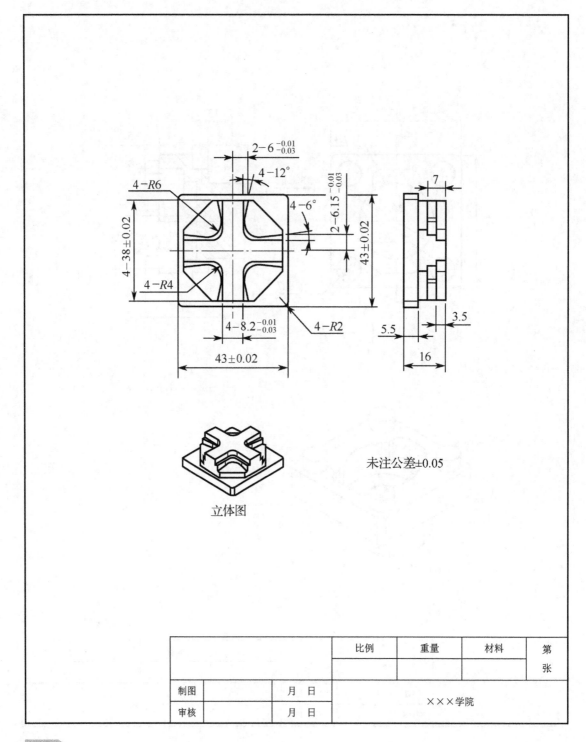

立体图

未注公差±0.05

		比例	重量	材料	第
					张
制图		月　日		×××学院	
审核		月　日			

训练任务 3.1.11

任务描述： 零件如图所示，毛坯和刀具参数自定。

任务要求： 完成图示零件造型，生成程序，完成零件加工。

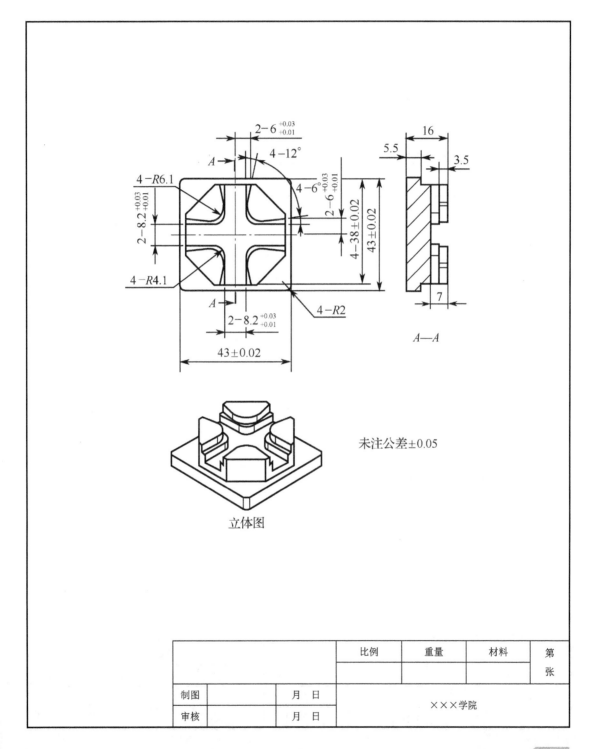

未注公差±0.05

立体图

			比例	重量	材料	第
						张
制图		月　日				
审核		月　日		×××学院		

训练任务 3.1.12

任务描述： 零件如图所示，毛坯和刀具参数自定。

任务要求： 完成图示零件造型，生成程序，完成零件加工。

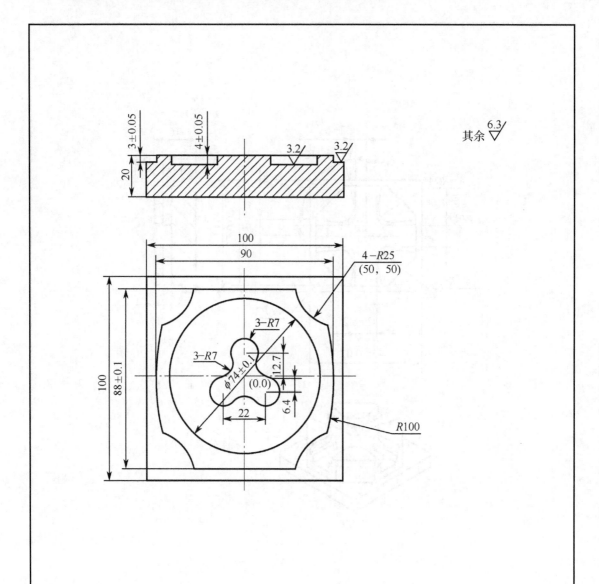

技术要求：

1. 未注尺寸公差按IT12标准执行。
2. 倒棱，去除表面毛刺。

			比例	重量	材料	第
						张
制图		月　日		×××学院		
审核		月　日				

训练任务 3.1.13

任务描述：零件如图所示，毛坯和刀具参数自定。

任务要求：完成图示零件造型，生成程序，完成零件加工。

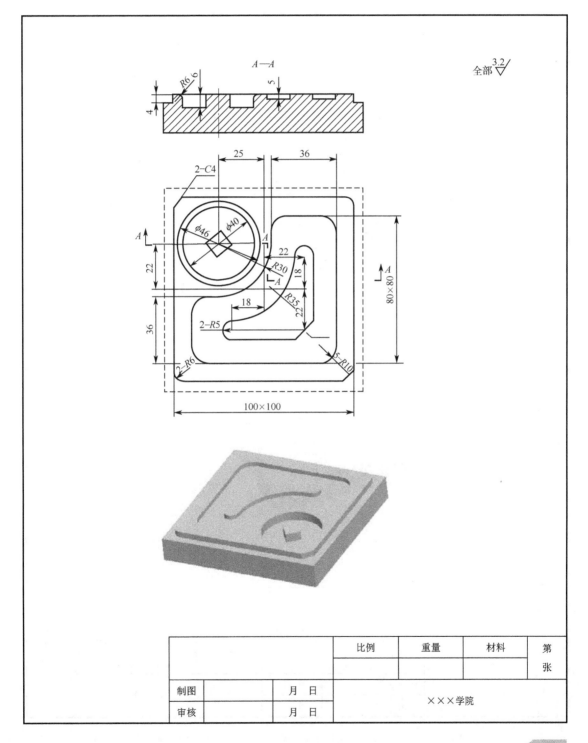

		比例	重量	材料	第
					张
制图		月　日	×××学院		
审核		月　日			

训练任务 3.1.14

任务描述：零件如图所示，毛坯和刀具参数自定。

任务要求：完成图示零件造型，生成程序，完成零件加工。

全部 $\overset{3.2}{\triangledown}$

$A-A$

ϕ

8

3
3
9

30 ± 0.02

30 ± 0.02

A

A

技术要求：
1.未注尺寸公差按IT12标准执行。
2.去除毛刺。

			比例	重量	材料	第
						张
制图		月　日		×××学院		
审核		月　日				

训练任务 3.1.15

任务描述：零件如图所示，毛坯和刀具参数自定。

任务要求：完成图示零件造型，生成程序，完成零件加工。

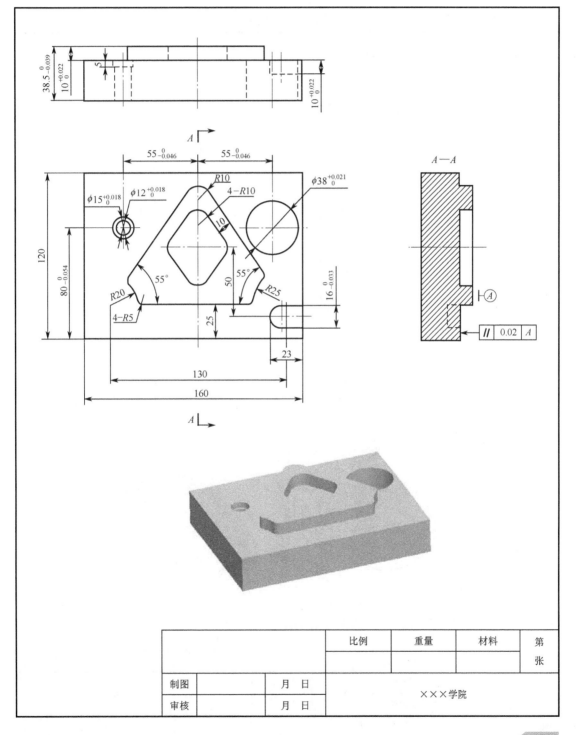

		比例	重量	材料	第
					张
制图		月　日		×××学院	
审核		月　日			

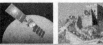

数控加工技能训练册

项目 3.2 较复杂零件的编程与加工

训练任务 3.2.1

任务描述： 零件如图所示，毛坯和刀具参数自定。

任务要求： 完成图示零件造型，生成程序，完成零件加工。

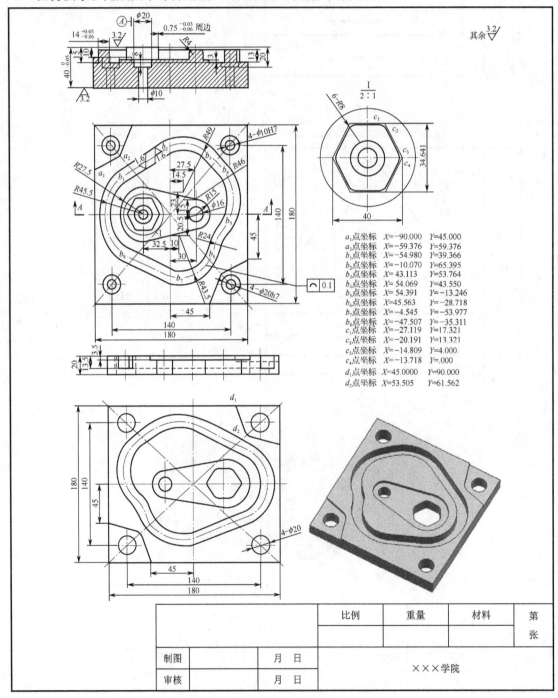

	比例	重量	材料	第
				张
制图		月 日	×××学院	
审核		月 日		

78

训练任务 3.2.2

任务描述：零件如图所示，毛坯和刀具参数自定。

任务要求：完成图示零件造型，生成程序，完成零件加工。

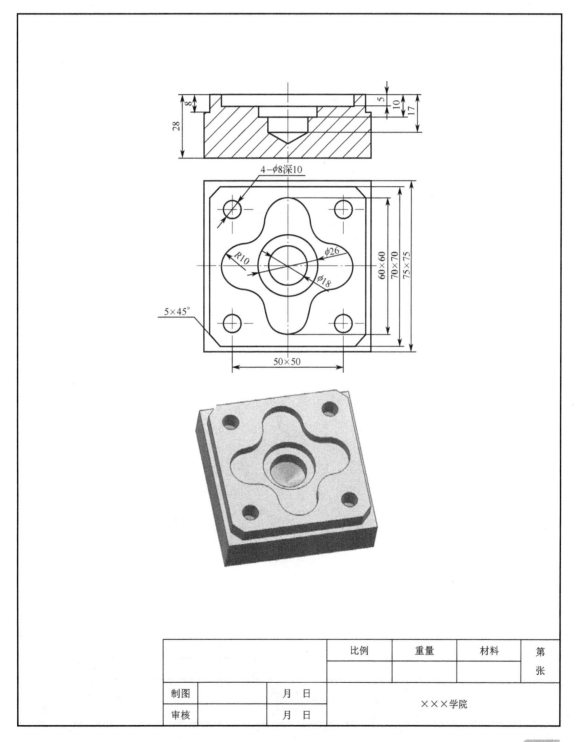

		比例	重量	材料	第
					张
制图		月　日		×××学院	
审核		月　日			

训练任务 3.2.3

任务描述： 零件如图所示，毛坯和刀具参数自定。

任务要求： 完成图示零件造型，生成程序，完成零件加工。

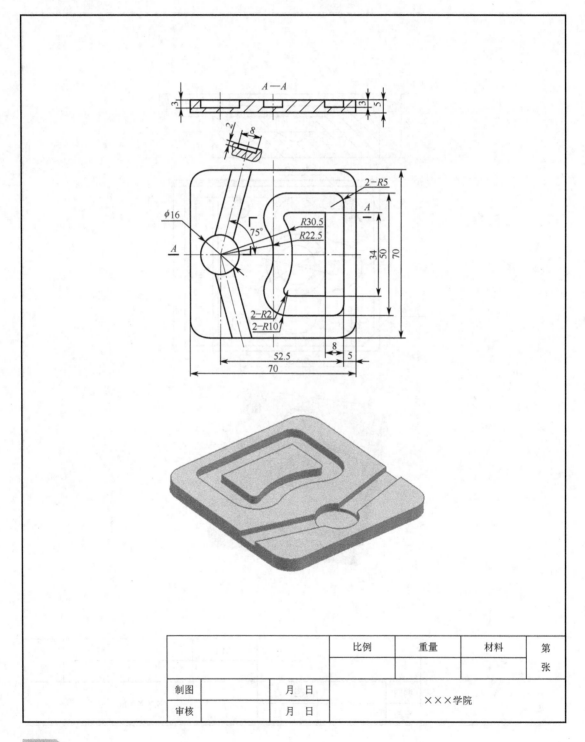

		比例	重量	材料	第
					张
制图		月　日		×××学院	
审核		月　日			

训练任务 3.2.4

任务描述： 零件如图所示，毛坯和刀具参数自定。

任务要求： 完成图示零件造型，生成程序，完成零件加工。

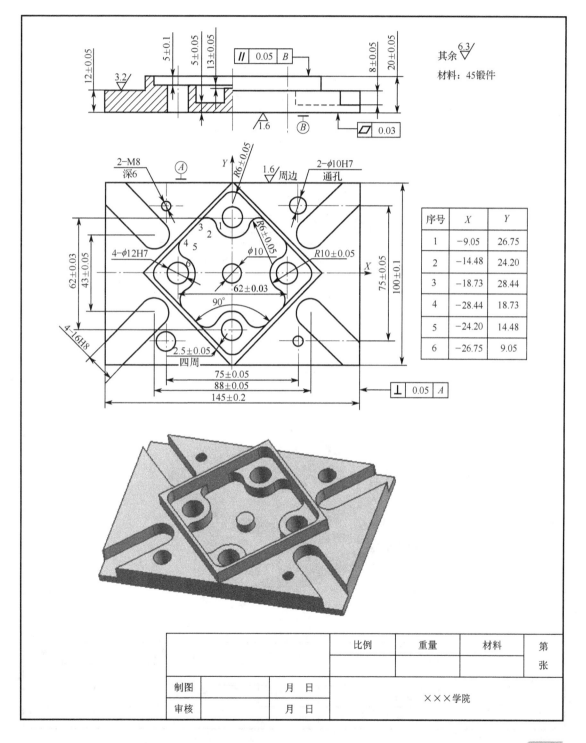

序号	X	Y
1	−9.05	26.75
2	−14.48	24.20
3	−18.73	28.44
4	−28.44	18.73
5	−24.20	14.48
6	−26.75	9.05

	比例	重量	材料	第 张
制图		月 日		
审核		月 日	×××学院	

训练任务 3.2.5

任务描述： 零件如图所示，毛坯和刀具参数自定。

任务要求： 完成图示零件造型，生成程序，完成零件加工。

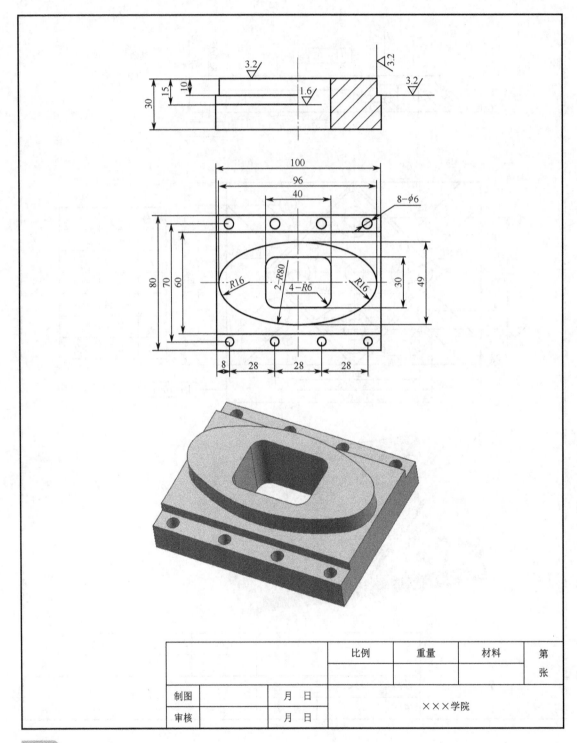

	比例	重量	材料	第
				张
制图		月　日		×××学院
审核		月　日		

训练任务 3.2.6

任务描述：零件如图所示，毛坯和刀具参数自定。

任务要求：完成图示零件造型，生成程序，完成零件加工。

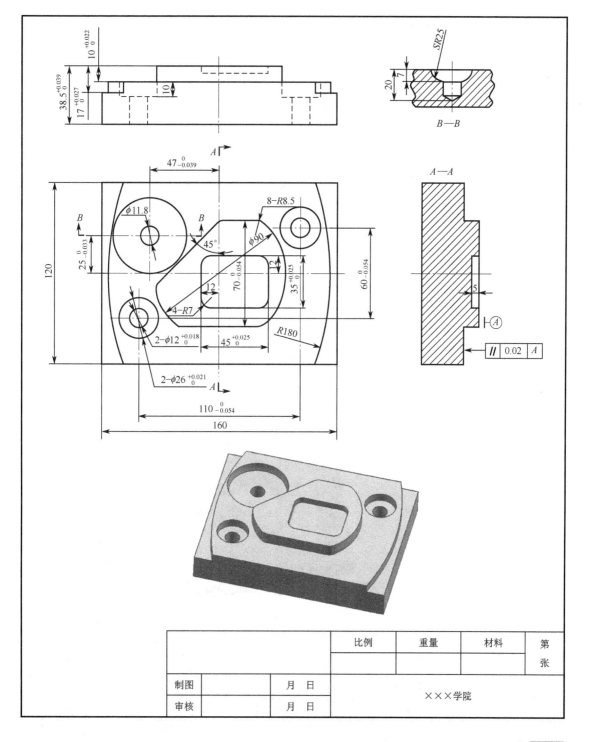

		比例	重量	材料	第
					张
制图		月 日		×××学院	
审核		月 日			

训练任务 3.2.7

任务描述： 零件如图所示，毛坯和刀具参数自定。

任务要求： 完成图示零件造型，生成程序，完成零件加工。

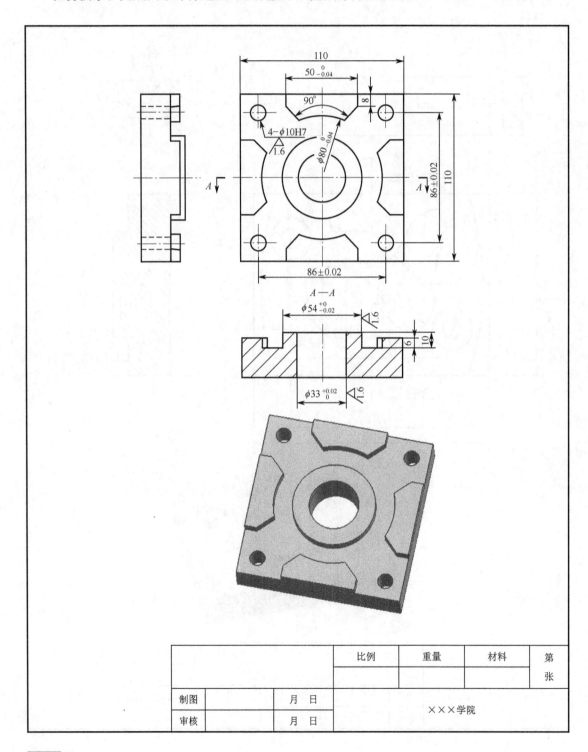

		比例	重量	材料	第
					张
制图		月 日		×××学院	
审核		月 日			

训练任务 3.2.8

任务描述：零件如图所示，毛坯和刀具参数自定。

任务要求：完成图示零件造型，生成程序，完成零件加工。

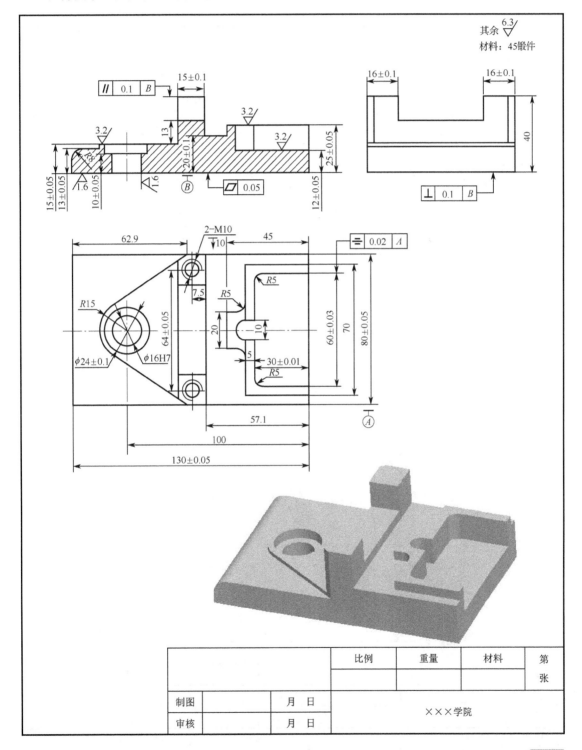

	比例	重量	材料	第
				张
制图		月　日		
审核		月　日	×××学院	

训练任务 3.2.9

任务描述: 零件如图所示,毛坯和刀具参数自定。

任务要求: 完成图示零件造型,生成程序,完成零件加工。

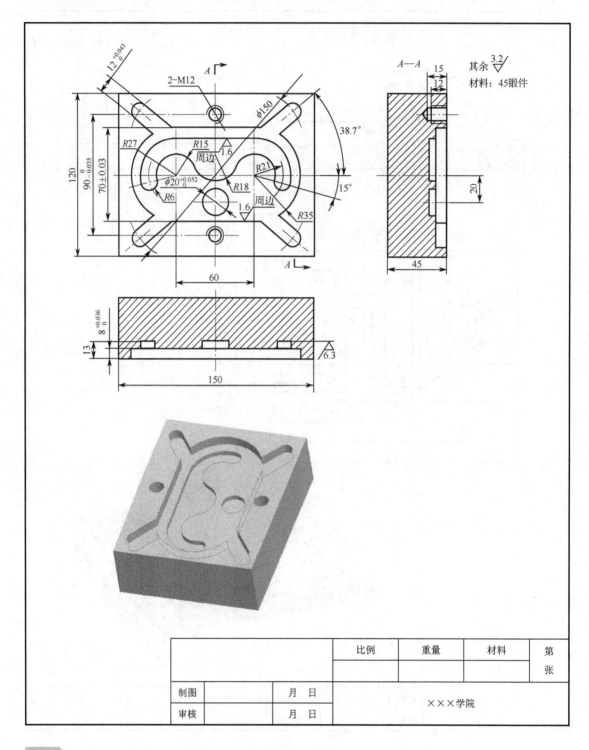

		比例	重量	材料	第
					张
制图		月　日		×××学院	
审核		月　日			

训练任务 3.2.10

任务描述：零件如图所示，毛坯和刀具参数自定。

任务要求：完成图示零件造型，生成程序，完成零件加工。

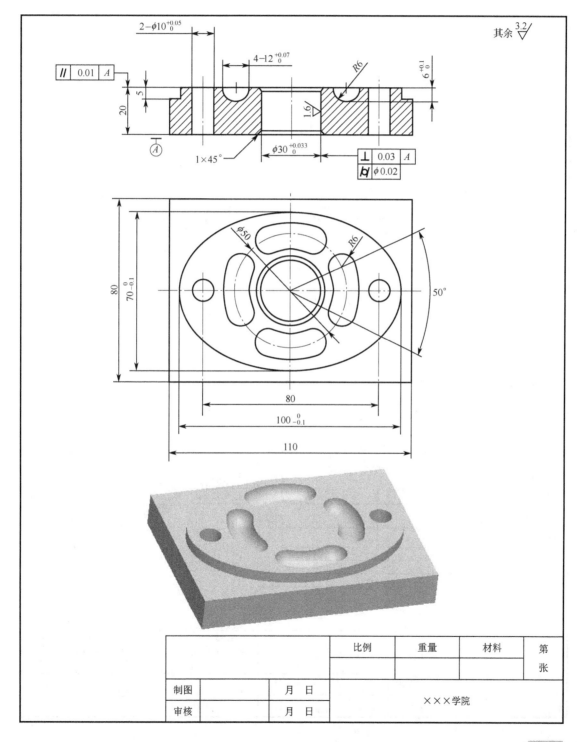

		比例	重量	材料	第
					张
制图		月　日		×××学院	
审核		月　日			

训练任务 3.2.11

任务描述：零件如图所示，毛坯和刀具参数自定。

任务要求：完成图示零件造型，生成程序，完成零件加工。

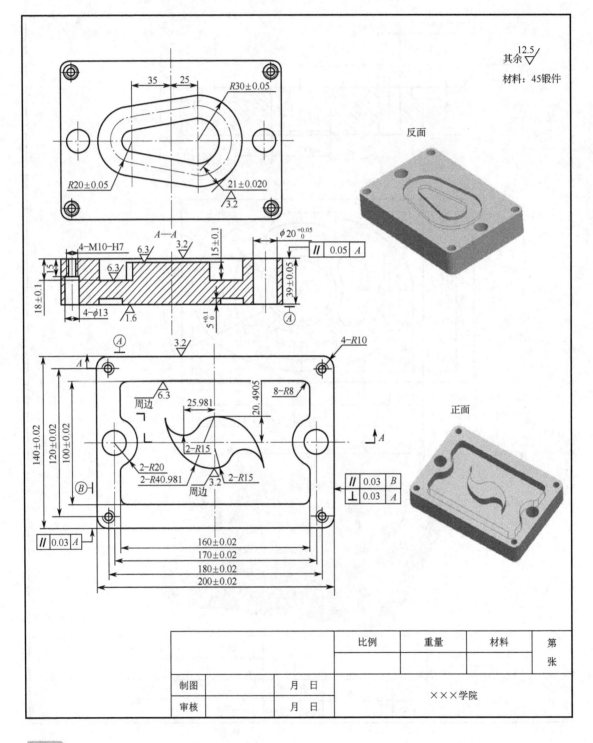

			比例	重量	材料	第
						张
制图		月 日		×××学院		
审核		月 日				

训练任务 3.2.12

任务描述： 零件如图所示，毛坯和刀具参数自定。

任务要求： 完成图示零件造型，生成程序，完成零件加工。

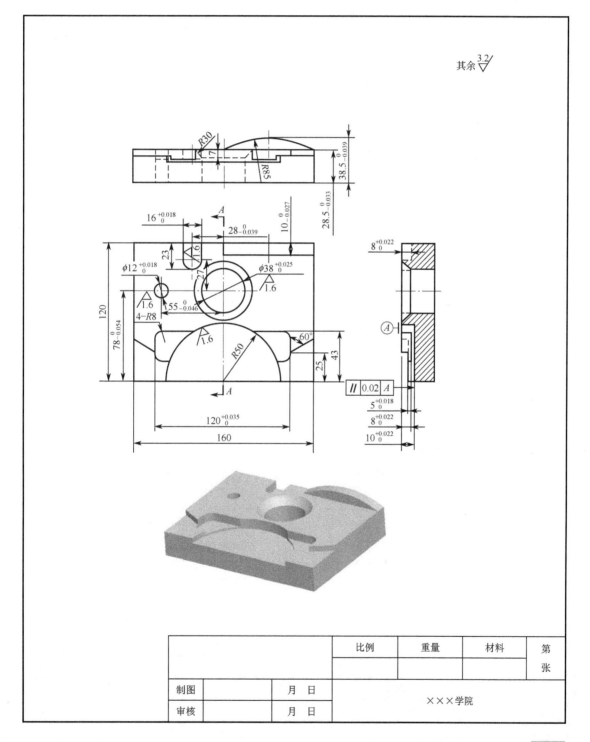

	比例	重量	材料	第
				张
制图		月 日	×××学院	
审核		月 日		

训练任务 3.2.13

任务描述： 零件如图所示，毛坯和刀具参数自定。

任务要求： 完成图示零件造型，生成程序，完成零件加工。

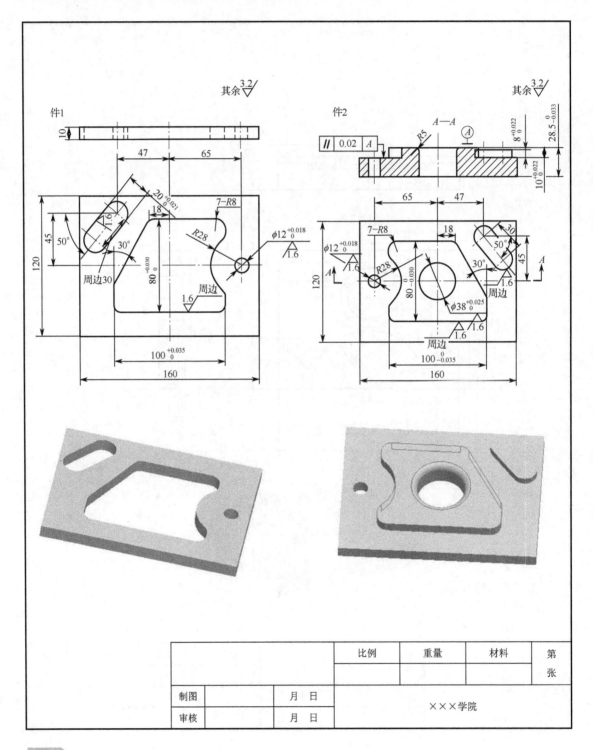

	比例	重量	材料	第
				张
制图		月 日	×××学院	
审核		月 日		

训练任务 3.2.14

任务描述：零件如图所示，毛坯和刀具参数自定。

任务要求：完成图示零件造型，生成程序，完成零件加工。

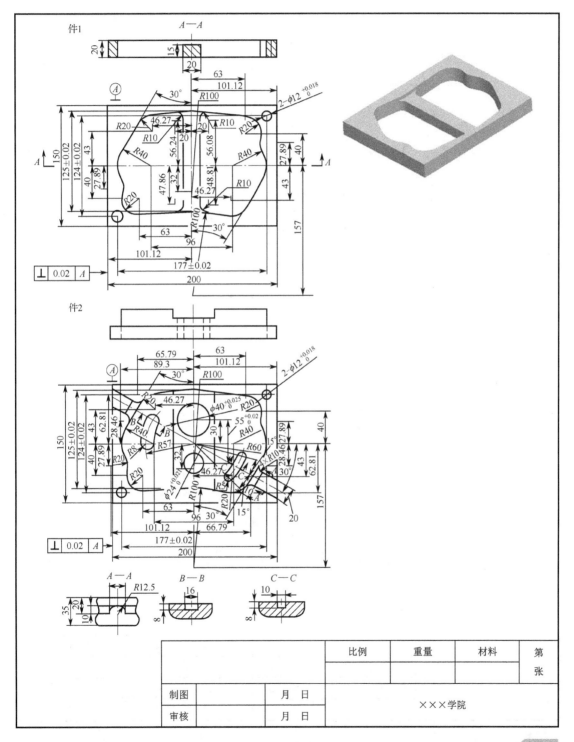

训练任务 3.2.15

任务描述： 零件如图所示，毛坯和刀具参数自定。

任务要求： 完成图示零件造型，生成程序，完成零件加工。

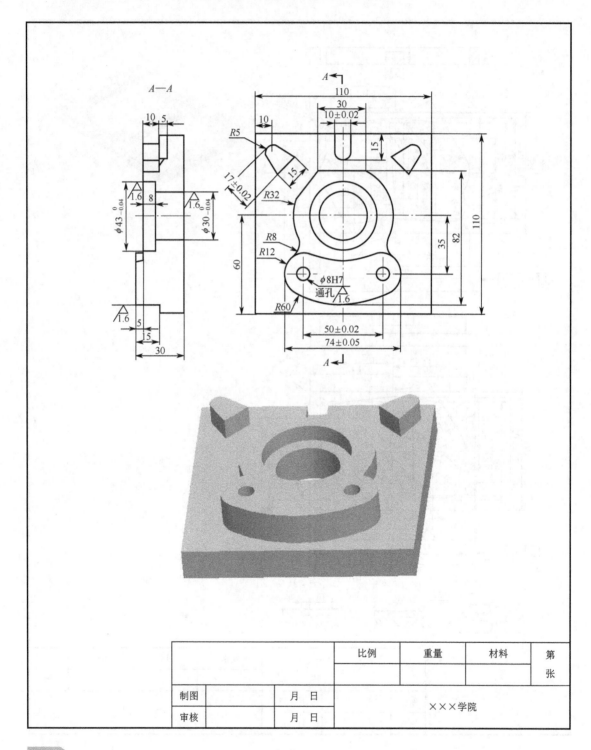

		比例	重量	材料	第
					张
制图		月　日	×××学院		
审核		月　日			

附录 A　FANUC 系统功能指令表

1. FANUC 数控系统常用的准备功能 G 代码及其功能

指令代码	用于数控车床的功能	组别	模态	指令代码	用于数控车床的功能	组别	模态
G00	快速定位	01	*	G54	第一工件坐标系设置	14	*
G01	直线插补	01	*	G55	第二工件坐标系设置	14	*
G02	顺时针圆弧插补	01	*	G56	第三工件坐标系设置	14	*
G03	逆时针圆弧插补	01	*	G57	第四工件坐标系设置	14	*
G04	进给暂停	00		G58	第五工件坐标系设置	14	*
G17	XY 平面选择	16	*	G59	第六工件坐标系设置	14	*
G18	ZX 平面选择	16	*	G70	精加工循环	00	
G19	YZ 平面选择	16	*	G71	外径、内径粗车循环	00	
G20	英制输入	06	*	G72	端面粗加工循环	00	
G21	公制输入	06	*	G73	固定形状粗车循环	00	
G27	检查参考点返回	00		G74	Z 向步进钻孔	00	
G28	自动返回原点	00		G75	X 向切槽	00	
G29	从参考点返回	00		G76	螺纹车削多次循环	00	
G32	切螺纹	01	*	G80	取削固定循环	10	*
G40	刀尖半径补偿方式的取消	07	*	G83	端面钻孔循环	10	*
G41	调用刀尖半径左补偿	07	*	G84	端面攻丝循环	10	*
G42	调用刀尖半径右补偿	07	*	G86	端面镗孔循环	10	*
G50	工件坐标原点设置，最大主轴速度设置	00		G90	单一固定循环	01	*
G52	局部坐标系设置	00		G92	螺纹切削循环	01	*
G53	机床坐标系设置	00		G94	端面切削循环	01	*

2. FANUC 数控系统常用的 M 代码及其功能

指令代码	用于数控车床的功能	用于数控铣床的功能	模　态
M00	程序停止	相同	
M01	程序选择停止	相同	
M02	程序结束	相同	
M03	主轴顺时针旋转	相同	*
M04	主轴逆时针旋转	相同	*
M05	主轴停止	相同	*
M07	气状切削液打开	相同	
M08	液状切削液打开	相同	*
M09	切削液关闭	相同	*
M30	程序结束并返回	相同	
M98	子程序调用	相同	*
M99	子程序调用停止返回	相同	*

附录B　数控加工常用切削用量表

1. 车削加工中涂层硬质合金车刀的切削用量

加工材料	硬度 HBS	切削深度 a_p（mm）	进给量 f（mm/r）	切削速率 v（m/mim）
低碳钢	125～225	1	0.18	260～290
低碳钢	125～225	4	0.40	170～190
低碳钢	125～225	8	0.50	135～150
中碳钢	175～275	1	0.18	220～240
中碳钢	175～275	4	0.40	145～160
中碳钢	175～275	8	0.50	115～125
高碳钢	175～275	1	0.18	215～230
高碳钢	175～275	4	0.40	145～150
高碳钢	175～275	8	0.50	115～120
低碳合金钢	125～225	1	0.18	220～235
低碳合金钢	125～225	4	0.40	175～190
低碳合金钢	125～225	8	0.50	135～145
中碳合金钢	175～275	1	0.18	185～200
中碳合金钢	175～275	4	0.40	135～160
中碳合金钢	175～275	8	0.50	105～120
高碳合金钢	175～275	1	0.18	175～190
高碳合金钢	175～275	4	0.40	135～150
高碳合金钢	175～275	8	0.50	105～120
高强度钢	225～350	1	0.18	150～185
高强度钢	225～350	4	0.40	120～135

2. 车削加工中立方氮化硼车刀的切削用量

组　别	加工材料	切削深度 a_p（mm）	进给量 f（mm/r）	切削速度 v（m/mim）
A组（CBN 含量 40%～60%）	结构钢、合金钢、轴承钢、碳素工具钢（45～68HRC）、合金工具钢（45～68HRC）	～0.5	～0.2	60～140
A组（CBN 含量 40%～60%）	冷硬铸铁轧辊、可锻铸铁、铸锻钢等，50～75HS	～2.0	～1.0	70～150
A组（CBN 含量 40%～60%）	冷硬铸铁轧辊、可锻铸铁、铸锻钢等，75～80HS	～2.0	～0.5	40～70
B组（CBN 含量 65%～95%）	高速钢，45～68HRC	～0.5	～0.2	40～100
B组（CBN 含量 65%～95%）	耐热合金镍基	～2.5	～0.15	～140

组　别	加工材料	切削深度 a_p (mm)	进给量 f (mm/r)	切削速度 v (m/mim)
B组 （CBN 含量 65%～95%）	耐热合金钴基	～2.5	～0.15	～140
B组 （CBN 含量 65%～95%）	耐热合金铁基	～2.5	～0.15	～170
B组 （CBN 含量 65%～95%）	耐热合金其他	～2.5	～0.15	～90
B组 （CBN 含量 65%～95%）	硬质合金铁系烧结合金	～1.0	～0.25	～30
B组 （CBN 含量 65%～95%）	硬质合金铁系烧结合金	～2.5	～0.25	～150

3. 数控铣削加工常用刀具的切削用量

铣刀种类及直径 (mm)		代木		铝		钢		铜	
		转速 S (r/min)	进给 F (mm/min)	转速 S (r/min)	进给 F (mm/min)	转速 S (r/min)	进给 F (mm/min)	转速 S (r/min)	进给 F (mm/min)
立铣刀	0.5	3500	1000	3500	1000	3500	1000	3500	1000
立铣刀	1	3500	1000	3500	500	3500	500	3500	500
立铣刀	2	3500	1600	3500	1500	3500	1000	3200	800
立铣刀	4	3300	2000	3500	2000	3500	1500	3200	1600
立铣刀	6	3200	2000	3500	2800	3500	1800	3000	2000
立铣刀	8	3000	2000	3000	2800	2800	1800	2800	2200
立铣刀	10	2800	2000	2700	2800	2500	1800	2500	2000
立铣刀	12	2000	2800	2000	3000	1800	2500	2200	2000
立铣刀	16	1000	2000	1600	2000	1300	2000	1800	1800
立铣刀	20	900	1200	800	1800	750	1000	700	1000
立铣刀	25	850	1000	750	1100	700	900	700	950
球头立铣刀	0.5	3500	6000	3500	6000	3500	1000	3500	1000
球头立铣刀	1	3500	6000	3500	3500	3500	300	3500	3500
球头立铣刀	2	3500	6000	3500	1000	3500	600	3500	1000
球头立铣刀	3	3500	6000	3500	1000	3500	800	3500	1500
球头立铣刀	4	3500	6000	3500	1000	3500	800	3200	1000
球头立铣刀	6	3500	6000	3500	800	3500	800	3000	1000
球头立铣刀	8	3500	6000	3500	1200	3500	1000	2800	1500
球头立铣刀	10	3200	6000（精）	3500	1500（精）	3500	1200（精）	2500	1000（精）
球头立铣刀	12	2000	2500	3500	1500	3200	1200（精）	2000	1000（精）
球头立铣刀	16	1800	2000（粗）	3500	1800（精）	3200	1800（精）	1800	1000（精）
球头立铣刀	20	900	1800	1600	1800	800	1000	800	900
球头立铣刀	25	850	1000	1000	1800	750	1000	750	900
尖刀	0.1	1500	3000	1500	3000	1500	3000	1500	3000

4. 硬质合金钻头钻削不同材料的切削用量

加工材料	抗拉强度σ_b（MPa）	硬度 HB	进给量 f（mm/r）		切削速度 v（m/min）		切削液	钻头角（°）
			d_o（mm）					
			5～10	11～30				
工具钢	1000	300	0.08～0.12	0.12～0.2	35～40	40～45	非水溶性切削油	—
工具钢	1800～1900	500	0.04～0.15	0.05～0.08	8～11	11～14	非水溶性切削油	—
工具钢	2300	575	<0.02	<0.03	<6	7～10	非水溶性切削油	—
镍铬钢	1000	300	0.08～0.12	0.12～0.2	35～40	40～45	非水溶性切削油	—
镍铬钢	1400	420	0.04～0.05	0.05～0.08	12～20	20～25	非水溶性切削油	—
铸钢	500～600	—	0.08～0.12	0.12～0.2	35～38	38～40	非水溶性切削油	—
不锈钢	—	—	0.08～0.12	0.12～0.2	25～27	27～35	非水溶性切削油	—
热处理钢	1200～1800	—	0.02～0.07	0.05～0.15	20～30	25～30	非水溶性切削油	—
淬硬钢	—	50HRC	0.01～0.04	0.02～0.06	8～10	8～12	非水溶性切削油	—
高锰钢	—	—	0.02～0.04	0.03～0.08	10～11	11～15	非水溶性切削油	—
耐热钢	—	—	0.01～0.05	0.05～0.1	3～6	5～8	非水溶性切削油	—
灰铸铁	—	200	0.2～0.3	0.3～0.5	40～45	45～60	干切或乳化液	—
合金铸铁	—	230～350	0.03～0.07	0.05～0.1	20～40	25～45	非水溶性切削油或乳化液	—
合金铸铁	—	350～400	0.03～0.05	0.04～0.08	8～20	10～25	非水溶性切削油或乳化液	—
冷硬铸铁	—	—	0.02～0.05	0.02～0.05	5～8	6～10	非水溶性切削油或乳化液	—
可锻铸铁	—	—	0.2～0.4	0.2～0.4	35～38	38～40	干切或乳化液	—
高强度可锻铸铁	—	—	0.12～0.2	0.12～0.2	35～38	38～40	干切或乳化液	—
黄铜	—	—	0.1～0.2	0.1～0.2	70～100	90～100	干切或乳化液	—
铸造青铜	—	—	0.09～0.2	0.09～0.2	50～70	55～75	干切或乳化液	—

5. 高速钢及硬质合金锪钻加工的切削用量

加工材料	高速钢锪钻		硬质合金锪钻	
	进给量 f（mm/r）	切削速度 v（m/min）	进给量 f（mm/r）	切削速度 v（m/min）
铝	0.13～0.38	120～245	0.15～0.30	150～245
黄铜	0.13～0.25	45～90	0.15～0.30	120～210
软铸铁	0.13～0.18	37～43	0.15～0.30	90～107
软钢	0.08～0.13	23～26	0.10～0.20	76～90
合金钢及工具钢	0.08～0.13	12～24	0.10～0.20	55～60

6. 钻削、扩削、铰削加工中群钻加工铸铁时的切削用量

加工材料		深径比 l/d_o	切削用量	直径 d_o（mm）								
灰铸铁	可锻铁、锰铸铁			8	10	12	16	20	25	30	35	40
163～229HB（HT100、HT150）	可锻铸铁（≤229HB）	≤3	f（mm/r）	0.3	0.4	0.5	0.6	0.75	0.81	0.9	1	1.1
163～229HB（HT100、HT150）	可锻铸铁（≤229HB）	≤3	v（m/min）	20	20	20	21	21	21	22	22	22
163～229HB（HT100、HT150）	可锻铸铁（≤229HB）	3～8	f（mm/r）	0.24	0.32	0.4	0.5	0.6	0.67	0.75	0.81	0.9
163～229HB（HT100、HT150）	可锻铸铁（≤229HB）	3～8	v（m/min）	16	16	16	17	17	17	18	18	18
170～269HB（HT200 以上）	可锻铸铁（197～269HB）、锰铸铁	≤3	f（mm/r）	0.24	0.32	0.4	0.5	0.6	0.67	0.75	0.81	0.9
170～269HB（HT200 以上）	可锻铸铁（197～269HB）、锰铸铁	≤3	v（m/min）	16	16	16	17	17	17	18	18	19
170～269HB（HT200 以上）	可锻铸铁（197～269HB）、锰铸铁	3～8	f（mm/r）	0.2	0.26	0.32	0.38	0.48	0.55	0.6	0.67	0.75
170～269HB（HT200 以上）	可锻铸铁（197～269HB）、锰铸铁	3～8	v（m/min）	13	13	13	14	14	14	15	15	15

注：（1）钻头平均耐用度为 120 min。

（2）应使用乳化液冷却。

（3）当钻床刀具系统刚性低、钻孔精度要求高和钻削条件不好时（如带铸造黑皮），应适当降低进给量 f 与切削速度 v

7. 加工不锈钢的切削用量

车螺纹和钻、扩、铰孔时的切削用量			
工序名称	切削速度 v_c（m/min）	进给量 f（mm/r）	切削深度 a_p（mm）
车螺纹	20～50	—	0.1～1
钻孔	12～20	0.1～0.25	≤17.5
扩孔	8～18	0.1～0.4	0.1～1
铰孔	2.5～5	0.1～0.2	0.1～0.2

注：刀具材料为高速钢

工件直径范围（mm）	车外圆				镗孔		切断	
	粗加工		精加工					
	主轴转速 n（m/min）	进给量 f（mm/r）	主轴转速 n（m/min）	进给量 f（mm/r）	主轴转速 n（m/min）	进给量 f（mm/r）	主轴转速 n（m/min）	进给量 f（mm/r）
≤10	1200～955	0.19～0.60	1200～955	0.10～0.20	1200～675	0.07～0.30	1200～955	手动
>10～20	955～765		955～765		955～600		955～765	

工件直径范围（mm）	车 外 圆				镗 孔		切 断	
	粗 加 工		精 加 工					
	主轴转速 n (m/min)	进给量 f (mm/r)	主轴转速 n (m/min)	进给量 f (mm/r)	主轴转速 n (m/min)	进给量 f (mm/r)	主轴转速 n (m/min)	进给量 f (mm/r)
>20～40	765～480	0.27～0.81	765～480	0.10～0.30	765～480	0.10～0.50	765～600	0.10～0.25
>40～60	480～380		600～380		480～380		610～480	
>60～80	380～305		480～305		380～230		180～305	
>80～100	305～230		380～230		305～185		380～230	0.08～0.20
>100～150	230～150		305～185		230～150		305～150	
>150～200	185～120		230～150		185～120		150 以下	

注：（1）工件材料为 1Cr18Ni9Ti，刀具材料为 YG8。

（2）表中较小的直径选用较高的主轴转速，较大的直径选用较低的主轴转速。

（3）当工件材料和刀具材料不同时，主轴转速应根据具体情况做适当校正